心理健康自助丛书
XINLIJIANKANG ZIZHU CONGSHU

丁成标　主编

带着抑郁跳舞

孙琼　编著

WUHAN UNIVERSITY PRESS
武汉大学出版社

图书在版编目(CIP)数据

带着抑郁跳舞/孙琼编著．—武汉：武汉大学出版社，2014.5
心理健康自助丛书/丁成标主编
ISBN 978-7-307-12772-2

Ⅰ.带…　Ⅱ.孙…　Ⅲ.抑郁—自我控制　Ⅳ.B842.6

中国版本图书馆 CIP 数据核字(2014)第 011896 号

责任编辑:王智梅　　责任校对:鄢春梅　　版式设计:马　佳

出版发行:**武汉大学出版社**　(430072　武昌　珞珈山)
(电子邮件:cbs22@whu.edu.cn 网址:www.wdp.com.cn)
印刷:武汉中远印务有限公司
开本:720×1000　1/16　印张:13.25　字数:176 千字　插页:2
版次:2014 年 5 月第 1 版　　2014 年 5 月第 1 次印刷
ISBN 978-7-307-12772-2　　定价:24.00 元

总　序

心理健康是人人追求的目标，它与生理健康一样，是幸福生活的前提和基础，但不是每个人的心理都是健康的，这就需要我们学会自我调节或寻求帮助，以达到健康或趋于健康的心理状态。

时下，由于全球化、信息化带来的社会剧变和中西文明的冲突，造成了人们观念杂陈、思想混沌和心理困惑的社会现状，加之竞争和挑战并存的生存状态，使人们的压力越来越大。现代文明就像一把双刃剑，在带给人们享受的同时，也带来了伤害。人们的物质生活水平不断提高，安全感和幸福感却在不断下降，变得越来越敏感，越来越脆弱。晚睡强迫症、手机控、路怒症、拖延症、选择障碍、假期综合症等现象不断出现，这些耳熟能详、说法并不专业的心理“病”反映了人们对自身心理状态的关注或担忧。

其实每个人都有碰到压力的时候，只是程度不同而已，这时，抑郁、焦虑的情绪就在所难免。但它们并不可怕，仅仅是心理“感冒”，同身体感冒一样，过一段时间就会好。而如果长期心理“感冒”，那就要当心是否已经处于心理亚健康状态了。

处于心理亚健康状态的人并不在少数。有学者认为，在我国，去医院就诊的人中，至少有一半应该去看心理医生，但是，由于经济条件不允许、观念保守和从业人员不足等原因，很多人因为求助无门而承受着痛苦和煎熬，有的人甚至自杀轻生。正是为了弥补专业咨询队伍的不足，解决供求矛盾，帮助解除人们的精神痛苦和提高人们的心理健康水平，我们组织国内一批心理咨询专家，编写了这套具有本土化特色的“心理健康自助”丛书。

“心理健康自助”丛书是针对各种心理亚健康状态的读者写的，这些亚健康状态包括焦虑、抑郁、社交恐惧、强迫、疑病、睡眠障碍等。本丛书力求通俗易懂，具有很强的知识性、可读性和操作性，深入浅出，从理论到实践给人以指导，以使各类读者都能从中得到自我调适、自我疗治的知识和方法，从而提高心理保健能力和心理健康水平，提高生活和生命质量。

丛书由我国著名催眠与心理咨询专家、国家一级心理咨询师、中国心理卫生协会大学生心理咨询专业委员会常务委员、中国心理咨询突出贡献奖获得者、武汉大学丁成标教授任主编。在全套丛书的编写过程中，得到了武汉大学出版社的大力支持，尤其是夏敏玲编辑做了大量的组织策划和编辑工作，提出了很多修改意见；各书作者将多年咨询工作实践经验融入书中，投入大量时间和精力完成书稿；艾波参与了大纲的讨论并做了许多的组织联络工作，在此一并表示感谢！

编　者

目　录

自　序

在分享中成长

在心理学发展的第一个百年里，不管是行为主义还是精神分析，心理学家关注的重点要么是基本心理理论的建构，要么是存在心理异常的群体，而对健康人群的情绪管理、压力应对却没有给予足够关注，90%的“健康人”成了被忽视的大多数。20 世纪五六十年代，心理学的第三势力以马斯洛、罗杰斯为代表的人本主义心理学家主张关心人的价值和尊严，研究对人类进步有意义的问题，提倡重视人的价值，重视人的潜能的开发。在人本主义心理学思想的引领下，当代心理学越来越关注人的主观意识和自我完善，致力于使每一个人都有能力认识自我、发展自我，最终达到自我实现。近年来，心理学界提出的“健康心理”、“积极心理”、“积极心理健康教育”的理念，核心是关注每一个人的心理，关注日常生活中每一个个体心理的养生之道。

抑郁发生的广泛性和高比例性是现代人众所周知的，有相当多的人在一生中会度过一段甚至相当长的一段抑郁时期。基于“积极心理”的理念，本书中的“抑郁”不特指人们常提到的抑郁症，而是指由抑郁思想、抑郁情绪、抑郁行为组成的一个恶性循环。在这个循环中，由于不合理的思想或想法导致了各种带有抑郁特征的情绪，从而出现了抑郁的行为，导致更进一步的不合理的思想或想法。这样的循环恶性程度不同，在每个人的一生中都会出现，完美的心理健康状态并不存在，不同的人在不同时期、不同状况下都会出现，并自觉或不自觉地进行自我调整。

本书涉及的“抑郁”泛指以上循环的不同部分，旨在使各位读者意识到自己的认知、情绪、行为及其之间的关系，从无意识到有意识地调整自己的生活状态，增强自我选择生活的能力，从而提升生活的自我满意度。

本书从认知、情绪、行为等不同角度对抑郁进行处理，旨在协助抑郁者自我确定未来的选择，确立现实的目标，提高抑郁者精神和情感的健康水平，获得并增强选择、控制自己生活的能力，也为从未经历过抑郁的人提供机会去了解更多的相关信息，获得提升自身幸福感的能力。

书中案例的处理方式是，大部分只摘选与章节相关的部分，因此为案例片段。

我不是心理学家，只是一名普通的心理健康教育者，本书中涉及的任何理论都不是我创造或创新的，只是在长期的心理健康教育和心理咨询实践中有所感悟和体会，并把个人认为有道理并在实际操作中发现的对改善抑郁行之有效的观点和做法与大家一起分享。

在此感谢我的导师武汉大学丁成标教授作为我的引路人，感谢所有的来访者和我的学生给我一个与之共同成长的机会！

第一章

每个人都有抑郁的时候

有统计资料表明，每 1000 人之中有 3~5 人患有抑郁症。而且，近年来抑郁症的患病率有上升的趋势，尤其是在城市，这种情况已经引起了我们对自身心理健康状况的重视。

在我们大多数人的认知里，认为抑郁者总是具有某种特定性格特征的人群或处于某种特殊时期，如林黛玉式的天生多愁善感的女子、处在恋爱中的青年男女等。其实不然，有时产生抑郁的环境和因素是个人无法控制的，身体中的化学变化会影响情绪和思考，生物因素也会产生抑郁，而且，抑郁可能伴随着慢性病或重大疾病产生。但在大部分情况下，抑郁发生在那些实际上还有选择的余地来改变生活、只是当事人自己看不到的人身上抑郁经常被自己和他人看做是软弱的表现，其实对于大多数抑郁者来说，抑郁实际上是个人生活中精神和情感上某些方面失去平衡的征兆，我们会发现抑郁发生在各年龄阶段和各种生活事件中。

第一节　抑郁≠抑郁症

每个人都会感到悲伤或者忧郁，大多数人都会为生活中的烦恼而伤心，如重病、失业、丧亲或离婚。这些感觉随着时间的流失会慢慢变淡。但当悲痛或失望持续两周以上而没有缓解，并且干扰了日常生活、工作、吃饭和睡眠的时候，就成为抑郁者了，此时意味着我们的精神和情感已经失衡。

抑郁的主要表现是情绪低落、思维迟缓或郁郁不乐。此时对一切，包括平常喜欢的工作或娱乐都丧失兴趣，或者是体验不到工作、生活或娱乐中的快乐感。抑郁者看起来疲乏倦怠、表情悲伤，甚至双眉紧锁，生活充满了无精打采和懒散的气氛；需要费很多的精力才能完成日常的工作，并尽量避免接受新的或额外的任务；不喜欢社交活动，常故意避开路上碰到的亲友或熟人；意志消沉，对未来感到渺茫；觉得过去的自己一无是处，常为一些细小的过失或缺点忏悔不已，抑郁的思绪无休止地萦绕在脑际，甚至感到陷于痛苦的深渊之中无力自拔。

有了以上表现，我们不禁会自我怀疑：“我是不是有抑郁症?”不要给自己太大压力哦。我们这里所讨论的抑郁和抑郁症是有区别的，简单地说，抑郁>抑郁症，我们可以想象一个抑郁线段，左端是零抑郁，右端是抑郁症，抑郁包括这个线段中所有大于零的部分，而抑郁症是严重抑郁的极端表现。

本书中的抑郁不特指人们常提到的抑郁症，而是指由于不客观的思想或想法导致了各种带有抑郁特征的情绪，从而出现了抑郁的行为表现，并进一步地出现不客观的思想或想法而形成的恶性循环。这个恶性循环是一个抑郁的漩涡，这个漩涡大小深浅旋转速度可能不同，但在每个人的一生中都可能出现，完美的心理健康并不存在，每个人在不同的时期、不同的状况下都会掉入抑郁的漩涡，如果我们能意识到漩涡的存在，主动地去调节，那么这个漩涡就不是深渊，而是成长的推力。

抑郁严重时当事人常感到无助和无望，并且因为有这些感觉而自责，并因无法摆脱而身心疲惫，拒绝参加每天的日常活动，远离家庭和朋友，甚至采取自虐、自杀的极端方式，此时抑郁的漩涡又大又深又急，精神和情感严重失衡。当失衡达到一定的严重程度时，医学上给了一个定义——抑郁症。

本书后面的章节中会少量出现“抑郁症”的字眼，代表严重失衡的抑郁，而还未到“症”的程度时表示的都是外延大于抑郁症的抑郁。那么，出现哪些情况有可能是严重到了抑郁症的程度呢？我们可以参考以下标准：

- 长时间持续性情绪低落，对生活失去兴趣，有不想活的想法或企图自杀，感到自己没有价值、有罪、可怜或可憎。
- 相当长一段时间食欲和性欲减少，或自觉躯体多种不适，但经医院多次检查，又查不出相应的异常，或难以作出肯定的诊断，或经多种内科治疗效果不佳。
- 出现顽固的严重失眠。
- 长期有疲乏感而又无可解释。
- 长期感到难以集中注意力，难以思考或难以做出决定，喜欢沉思默想过去的一些不愉快的事情，或遇到事情总往最坏处去想。

如存在上述情况中的一条或多条，请到精神病专科医院诊治。

抑郁症是一种精神疾病，现拥有治疗抑郁症的有效手段，经治疗多能康复，如不及时治疗，可能产生诸如自杀等不良后果。

事实是抑郁者不能简单地摆脱抑郁状态而自然而然地好转起来，处于抑郁状态而不寻求帮助的人常常会感到无助，埋在心底的情绪和无奈伴随着孤独感会使抑郁不断加重，因此，主动求助或被动求助以得到优质的专业健康照料的重要性不能被忽视。

我们还可以尝试以下的抑郁自测，来看看你是否抑郁或是否需要到专业医院去看看医生。

注意：如果你有做题很麻烦的感觉时，本着对自己负责的态度更需要认真答题。

抑郁自测 1

【说明】

没有人总是快乐的，所以请在下表选择代表你大部分时间的状况。根据下面各种情绪对你的困扰程度，在右侧相应栏里打√。

【注意事项】

本测试适合于成年之各年龄阶段，本测试评定此时此刻——今天或现在的人或心情。

1. 悲伤：你觉得悲伤或泄气吗？	无(0分)	一点(1分)	有些(2分)	很多(3分)
2. 沮丧感：你觉得前途渺茫吗？	无(0分)	一点(1分)	有些(2分)	很多(3分)
3. 自我评价低：你觉得自己毫无价值吗？	无(0分)	一点(1分)	有些(2分)	很多(3分)
4. 自卑感：你觉得不自信或低人一等吗？	无(0分)	一点(1分)	有些(2分)	很多(3分)
5. 内疚感：你经常对自己太苛刻或自责吗？	无(0分)	一点(1分)	有些(2分)	很多(3分)
6. 犹豫不决：你难以做决定吗？	无(0分)	一点(1分)	有些(2分)	很多(3分)
7. 易激惹：你容易生气或怨恨他人吗？	无(0分)	一点(1分)	有些(2分)	很多(3分)
8. 兴趣缺乏：你对工作、爱好、家庭或朋友不感兴趣吗？	无(0分)	一点(1分)	有些(2分)	很多(3分)

续表

9. 动机缺乏：你做事有勉为其难的感觉吗？	无(0分)	一点(1分)	有些(2分)	很多(3分)
10. 自我感觉差：你觉得自己变老了或缺乏魅力了吗？	无(0分)	一点(1分)	有些(2分)	很多(3分)
11. 食欲改变：你是否食欲减退或暴饮暴食？	无(0分)	一点(1分)	有些(2分)	很多(3分)
12. 睡眠紊乱：你睡眠质量差吗？是否感到精疲力竭且睡眠过多？	无(0分)	一点(1分)	有些(2分)	很多(3分)
13. 性欲减退：你是否对性不感兴趣？	无(0分)	一点(1分)	有些(2分)	很多(3分)
14. 关注健康：你是否过分担心自己的健康？	无(0分)	一点(1分)	有些(2分)	很多(3分)
15. 自杀冲动：你觉得活着没有意义或者生不如死吗？	无(0分)	一点(1分)	有些(2分)	很多(3分)

【结论】

总分为0~4分，表示非常快乐且没有丝毫抑郁症状。

总分为5~10分，表示正常，你不会被诊断为抑郁，但是你感觉不到像你所希望的那样快乐。你需要调节一下情绪，使自己快乐起来。

总分为10分以上，说明有比较严重的抑郁，而且需要治疗。你可能经常感到绝望和无价值感，并不能认识到你的问题是可以治疗的。其中，11~20分为接近中等抑郁；21~30分为中等抑郁；30~40分为严重抑郁。遗憾的是，分数较高的大多数人很少寻求治疗。

第二节　为什么会抑郁？

我们不由自主地会问：“为什么我会抑郁？别人怎么都不会这样呢？”实际上迄今为止，抑郁的产生机制还不明确，也无明显的体征和实验室指标异常。大部分心理学家、精神科医生和心理咨询师认为抑郁是遗传、心理、社会（文化）因素相互作用的结果。

一、遗传因素

大样本人群遗传流行病学调查显示，与抑郁症患者血缘关系越近，患病概率越高，一级亲属①患病的概率远高于其他亲属，这与遗传疾病的一般规律相符。异卵双生子同病率为19.7%，自幼分开抚养的同卵双生子后期同病率高达66.7%；遗传因素的影响随着年龄的增加而增加，女性比男性更易受遗传影响。因此我们有理由认为抑郁受遗传因素影响。

二、心理因素

各种重大生活事件的突然发生、或长期持续存在会引起强烈、持久的不愉快的情感体验，可能诱发抑郁的产生。

抑郁的促发因素主要源于生活、工作和学习中遇到的压力，即各种应急生活事件，如健康状况的变化和生活环境的突然转变。

有研究者发现，身体健康水平较低的人更易产生抑郁情绪，生活环境的突然转变、例如刚来到陌生的环境，因为离开原来的工作、家庭、朋友、学校及其他熟悉的一切、正常的生活、工作、学习秩序被

---

① 一级亲属：一个人的父母、子女以及同父母的兄弟姐妹。

扰乱时，部分人会感受到挫折或限制，产生自卑感、变得不知所措，也易引发抑郁。

三、社会因素

社会环境是抑郁发生的重要因素。美国心理学家曾经用 40 年的时间做过一个实验，结果显示一个人成功的决定因素是他的人格，这个观点提出后迅速得到全世界大部分心理学家的认可。

研究表明，社会支持与抑郁有较高的负相关。有较差社会支持的人比具有良好社会支持的人更易抑郁；抑郁者对社会支持的感受较低，不能发展有效的人际关系，在交往中将自己认知为人际交往无能，体验着焦虑和社会拒斥感。

四、家庭环境

遗传因素可能通过家庭环境对子女的抑郁产生作用。对家庭关系的研究表明，子女抑郁与父母婚姻关系破裂之间存在显著关系，女性较男性更容易受婚姻关系破裂的困扰而出现抑郁。关于教养方式的研究表明，父母严厉惩罚、过度干涉或保护将导致或加重抑郁者的抑郁表现，而给予更多的关注、理解和情感上的温暖，将能减轻子女的抑郁表现或降低抑郁概率。此外，出身家境贫寒者抑郁发生概率更高。有学者提出，抑郁和抑郁的反应，很容易在童年时期从关系密切的成人，特别是从父母那里学习和模仿。

社会因素也可以通过家庭环境对抑郁的发生起作用，处于长期社会大环境的“熏陶”，家长和教育者“被认为”要成才，智力是最重要的。其实不然，人的“成才”，除了躯体健康、智力正常以外，健全的人格、健康的心理、良好的社会适应能力、良好的心理防御方式等同样重要。

父母是子女情绪和行为的表率，子女会在原生家庭①中习得自己的情绪和行为习惯，抑郁的发生与家庭环境因素有密切关系。抑郁倾向与家庭环境的亲密度、情感表达、矛盾性、知识性、娱乐性、组织性有关，其中家庭矛盾性是影响抑郁倾向发生的共同因素。

研究提示：提高家庭的亲密性、情感表达、知识性、娱乐性、组织性及减少家庭的矛盾性可以降低抑郁倾向的发生几率。

① 原生家庭：我们每个人的一生中都有两个家。一个是我们从小长大和父母兄弟姐妹一起的这个家，另一个是我们长大以后，自己结婚成家生子的那个家。我们把第一个家叫做原生家庭。

第三节 抑郁思想、抑郁情绪和抑郁行为

一、抑郁思想

认知上的不合逻辑性和不切实际性是抑郁思想的典型特征。

如果你曾经抑郁过，你会发现，抑郁影响了我们的感知、思维，影响了我们看待人、事物、世界的方式，并且还影响注意力的集中程度和记忆力。我们会发现自己无法集中精力去做任何事情，包括看书和看电视；我们的记忆力也变得很差，容易遗忘，甚至拨通了电话却不记得要跟对方说什么；思维也会变得迟滞，对很多事情都感到沉重。这时能够回忆起的事情，多半会是抑郁和令人不快的。

当你悲伤或抑郁时，当你难过得要发疯时，当你感到忧虑或受惊吓时，当你觉得内疚或羞愧时，请思考以下问题：你正在经历什么事？你正在想什么？具有抑郁特点的认知，即有着特定的“想法”和“认为”是抑郁者的一大特征。主要体现在无端地自罪、自责，夸大自己的“缺点”，缩小自己的“优点”，表现了一种认知上的不合逻辑性和不切实际性。抑郁者对自己的评价是负面的、否定的。这种抑郁的思维，为抑郁者眼中的自己和未来都蒙上了一层厚厚的灰色。一旦有挫折发生，抑郁者就会把全部责任归咎于自己，甚至极端到相信他们“应该”为世上的不公正和不平等现象负责，“应该”为自己的“罪恶”受到惩罚。

二、抑郁情绪

人们通常认为抑郁仅仅是情绪低落或是感觉饱和，但这只是抑郁的一部分。事实上，抑郁的核心症状被称为“缺乏快乐”，即丧失体

验快乐的能力。

当我们抑郁时，会感到生活变得异常空虚，毫无快乐可言。然而，尽管丧失了体验快乐的能力，但我们对不快乐的感受却是与日俱增，变得易激惹。我们有时会将满腔的不满与愤怒闷在心里，有时却又变得异常暴躁，甚至对亲人大打出手。过后，我们又会因之而痛悔，使得抑郁状态更加严重。

抑郁的另两个常见伴随情绪是焦虑和恐惧。抑郁的时候，我们会变得脆弱。过去很容易应付的事情，现在却莫名其妙地令人恐惧。因此，焦虑和恐惧是抑郁的重要组成部分。此外，与抑郁相关的其他情绪还有悲伤、内疚、羞耻、嫉妒等。

情绪往往伴随人们的思维而产生，情绪上或心理上的困扰是由于不合理的、不合逻辑的思维造成的，抑郁的情绪大多数来自于不合理的思维。

三、抑郁行为

不合逻辑和不切实际的思想的存在造成不良情绪的产生，继而使我们出现各类抑郁的行为。

我们已经知道只有自己的想法才能困扰自己，而且特定的想法产生特定的情感和情绪。当我们感到烦乱时，我们的想法常常是不合逻辑的，而且被歪曲了，即使这些想法确实很真实。这些令人感觉很不好的想法和情绪使我们不得不采取具有抑郁特征的行为。

来看看当我们抑郁时，行为方式产生的一些变化。这时，我们不大会参加一些活动，不仅如此，我们会尽量避免交往，将自己隐藏起来。许多以前乐于从事的活动，现在却变得令人难以忍受，因为任何事情做起来都太费力，我们做的似乎比以往更少。我们对待他人的方式也发生了变化。我们会发现自己与他人正向的交往减少而与他人的冲突不断增多。如果我们因此感到焦虑，就会避免与他人接触，进而丧失对交往的信心。

抑郁者有时会变得紧张不安，难以放松，感觉自己如同困兽，四处走动，想做点什么，却不知道该做什么。有时，想逃出去的想法非常强烈，但是对逃到哪里去、去做什么却不清楚。另一方面，有些抑郁者会变得反应迟钝，走路缓慢，时走时停。

四、抑郁的恶性循环

思想在心理学上被称为认知。认知是人们通过感觉、知觉、记忆、思维、想象等方式获取信息和加工信息的过程，也就是我们对自己、对事件以及对环境的诠释。

情绪是人对外界刺激所产生的心理反应，并附带生理反应。人类的基本情绪有喜怒哀惧等。情绪构成理论认为，情绪在发生的时候，认知评估、身体反应、感受、表达、行动倾向五个基本元素在短时间内协调、同步进行。不同的人对同一人、事件或环境做出不同的解释时，会产生不同的情绪，情绪变化一定伴随着生理变化。

行为是人们日常生活中所表现的一切活动。情绪是行为的原动力，情绪通过唤醒正在经历或想象中的事件的行动来完成它的动机功能。而行为的结果会导致新的认知，即思想的形成。

人们的思想、情绪和行为三者互相影响，互为因果。简单地说，思想导致情绪的产生，情绪是行为的动力，思想和行为共同选择行为的方式，行为的结果产生新的思想，这个循环在我们的一生中螺旋式地周而复始。

抑郁的漩涡也是如此，具有抑郁特征的思想是我们对人、事件和环境抑郁的诠释，它导致抑郁情绪的产生，而抑郁思想和抑郁情绪促使我们采取抑郁的行为方式，抑郁行为的结果使我们对人、事件和环境的诠释更为抑郁，如此周而复始。

例如，抑郁的时候，我们经常感到不想做事，就会很烦，很焦虑，而一旦我们没有完成什么事情，就会认为自己没用，这是抑郁思想；然后，我们会感到愧疚、愤怒、悲伤、焦虑，这是抑郁情绪；继而我们更加无法行动，不能开始行动，拖拉，这是抑郁行为。如此这般，我们会更加认为自己没用，更自责，更愤怒，更悲伤，更焦虑，更不能行动。从此抑郁的恶性循环产生并不断地作用于我们自己。

抑郁者可以来做一个测试，看看抑郁的恶性循环是在哪些方面表现并作用于自己的。

如果你的抑郁自测 1 总分高于 10 分，那么有必要再进行以下一个自测，以进一步自我监测抑郁有多重，具体表现在哪些方面。

抑郁自测 2

A. 抑郁

0. 没有

1. 只有在问到时才诉述

2. 在访谈中自发地表达

3. 不用言语也可以从表情、姿势、声音或欲哭中流露出这种情绪

4. 抑郁者的自发言语和非语言表达几乎完全表现为这种情绪

B. 有罪感

0. 没有

1. 责备自己感到自己已连累他人

2. 认为自己犯了罪或反复思考以往的过失和错误

3. 认为目前的病态是对自己错误的惩罚或者有罪恶妄想

4. 罪恶妄想伴有指责或威胁性幻觉

C. 自杀

0. 没有

1. 觉得或者没有意义

2. 希望自己已经死去或常想到与死有关的事

3. 有抑郁观念，有自杀念头

4. 有严重自杀行为

D. 入睡困难(初段失眠)

0. 没有

1. 有入睡困难，上床半小时后仍不能入睡(要注意和平时入睡的时间相比较)

2. 每晚均有入睡困难

E. 睡眠不深(中断失眠)

0. 没有

1. 睡眠浅，多噩梦

2. 半夜12点钟以前曾醒来(不包括上厕所)

F. 工作和兴趣(旁人的评价)

0. 没有

1. 提问时才诉述

2. 自发地直接或间接表达对活动、工作或学习失去兴趣，如感到没精打采、犹豫不决、不能够坚持或需强迫自己去工作或活动

3. 活动时间减少或成效下降

4. 因目前的状况而停止工作

G. 阻滞(指思维和言语缓慢，注意力难以集中、主动性减退)

0. 没有

1. 精神检查中发现轻度阻滞

2. 精神检查中发现明显阻滞

3. 精神检查进行困难

4. 完全不能回答问题

H. 激越(专家或旁人观察)

0. 没有

1. 检查时有些心神不定

2. 明显心神不定或小动作多

3. 不能静坐

4. 搓手、咬手指、扯头发、咬嘴唇

I. 精神性焦虑

0. 没有

1. 问及时诉述

2. 自发地表达

3. 表情和言谈流露出明显忧虑

4. 明显惊恐

J. 躯体性焦虑(最好是专业人士观察，指的是焦虑的生理症状，包括口干、腹胀、腹泻、打嗝、腹绞痛、心悸、头痛、过度换气叹气及尿频和出汗)

0. 没有

1. 轻度

2. 中度，有肯定的上述症状

3. 重度，上述症状严重影响生活或需要处理

4. 严重影响生活和活动

K. 胃肠道症状

0. 没有

1. 食欲减退但不需他人鼓励可自行进食

2. 进食需他人催促或请求和需要应用泻药或助消化药

L. 全身症状：四肢、背部或颈部沉重感、背痛头痛肌肉疼痛全身乏力或疲倦

0. 没有

1. 有点

2. 是

3. 非常

4. 特别

M. 性症状：指性欲减退、月经紊乱等

0. 没有

1. 轻度

2. 重度

N. 疑病

0. 没有

1. 对身体过分关注

2. 反复考虑健康问题

3. 有疑病妄想

4. 伴幻觉的疑病妄想

O. 体重减轻(按病史评定)

0. 没有

1. 有可能有体重减轻

2. 肯定体重减轻，按体重记录评定一周内体重减轻超过 0.5 公斤

3. 肯定体重减轻，按体重记录评定一周内体重减轻超过 1 公斤

P. 自知力

0. 知道自己有问题，表现为抑郁

1. 知道自己有问题，但归咎为伙食太差、环境问题、工作过忙、病毒感染或需要休息

2. 完全否认有问题

Q. 日夜变化

0. 早晚情绪无区别

1. 早晨或傍晚轻度加重

2. 早晨或傍晚严重

R. 人格解体或现实解体，指非真实感或虚无妄想

0. 没有

1. 问及时才诉述

2. 自然诉述

3. 有虚无妄想
4. 伴幻觉的虚无妄想

S. 偏执症状

0. 没有
1. 有猜疑
2. 有牵连观念
3. 有关系妄想或被害妄想
4. 伴有幻觉的关系妄想或被害妄想

T. 强迫症状，指强迫思维和强迫行为

0. 没有
1. 问及时才诉述
2. 自发诉述

U. 能力减退感(旁人的评价)

0. 没有
1. 仅于提问时方引出主观体验
2. 抑郁者主动表示有能力减退感
3. 需鼓励、指导和安慰才能完成日常事务和个人卫生
4. 穿衣、梳洗、进食、铺床或个人卫生均需他人协助

V. 绝望感

0. 没有
1. 有时怀疑情况是否会好转，但解释后能接受
2. 持续感到没有希望，但解释后能接受
3. 对未来感到灰心、悲观和失望，解释后不能消除
4. 自动地反复诉述“我的病好不了啦”等

W. 自卑感

0. 没有
1. 仅在询问时诉述有自卑感不如他人
2. 自动地诉述有自卑感

3. 抑郁者主动诉述自己“一无是处或低人一等”

4. 自卑感达妄想的程度，如“我是废物”等

【结论】

将上述问题答案按其左侧数值加总。

总分小于 8 分，表示你没有抑郁症。

总分为 9~20 分，表示你仅是情绪不佳，非抑郁。

总分为 21~34 分，表示你有轻度或中度抑郁。

总分为 35 分以上，表示你有重度抑郁，需要寻求专业帮助。

我们无法清晰地割裂这个恶性循环，在这个循环中抑郁思想、抑郁情绪和抑郁行为互相影响，互为因果，无法界定哪个是开头，哪个是结尾。在现实生活中三者几乎是当事人在瞬间的反应，所以我们只能人为地试图放慢镜头来阐述每个片段。

第二章

各种抑郁

抑郁状态发生的广泛性和高比例性是现代人众所周知的，有相当多的人在一生中会度过一段或相当一段抑郁时期。我们无法囊括所有类型的抑郁，但可以看看在别人身上发生过什么。

第一节 容易被忽略的儿童抑郁

心理学界根据生理和心理的发展特点，一般把0~12岁定义为儿童时期。

【案例】

这阵子，一向乖巧的妞妞在家里经常无缘无故地伤心、发脾气。开始，妈妈将8岁女儿的这种性情改变归为逆反心理，但她很快就发现事情没有想象得那么简单。妞妞整天闷闷不乐，有时还会说活着没意思，甚至还有“我死了以后，妈妈你不要伤心”之类的话。实在没办法，妈妈只好把妞妞带到精神科就诊，结果妞妞被诊断为抑郁症。

在不少人的心目中，儿童是天真活泼、无忧无虑的代名词，很难将孩子与抑郁联系到一起。可事实上，抑郁症已经成了儿童第二大常见的精神问题，仅次于注意力缺陷多动障碍。有研究表明，中国目前约有20%的儿童出现抑郁症状，其中4%为临床抑郁，即需要接受临床治疗的重症抑郁。美国研究者的调查表明，抑郁在儿童中的发生率为0.4%~2.5%，这与澳大利亚及意大利的研究结果一致。在10岁以前，男女患病比例相似，以后随年龄的增加，女性患病率逐渐增加，男女比接近1∶2。

所有的孩子都会有感到伤心难过的时候，或是经历一段情绪低潮期，处在儿童阶段的抑郁者的低情绪常常会持续数周或数月。在这段时间里，他们常常会觉得上学是种煎熬，也因此远离伙伴，渐渐孤独起来，在家则是不断地制造麻烦，或者变得敏感脆弱、忧伤、易怒。

虽然在这个阶段中情绪也会有朝向我们认为的正常情绪波动，但总体走向趋低。

除此之外，儿童抑郁者常常为自己的情绪感到困惑，但由于比较年幼，无法准确地描述出自己的真实感受，只会表现出诸如睡眠障碍、食欲低下、体重减轻、疲乏无力、胸闷心悸、头痛胃痛、恶心、呕吐、腹泻、遗尿遗屎等躯体不适。有的孩子可能开始抱怨自己肚子痛；有的孩子经常用手支着头，说头痛头昏；有的用手捂着胸，说呼吸困难；有的说嗓子里好像有东西，影响吞咽，或者说没力气。他们的"病"似乎很重，呈慢性化，或反复发作，但做了诸多医学检查，又没发现什么问题，吃了许多药，"病"仍无好转迹象。或者是一到学校门口就感觉头晕、恶心、腹痛、肢体无力等，当离开这个特定环境，回到家中，一切又都正常。这类情形常容易被误诊为躯体疾病，但是吃了药以后"病"也无好转迹象。

学龄期儿童抑郁往往是通过与其年龄有关的各种行为问题表现出来的，这使抑郁表现更加复杂化。而在日常生活中，很多父母、学校老师常忽视了孩子的抑郁表现，大多会认为是孩子身体不好，或是品行不好，学坏了，不乖等等，从而延误了心理咨询和心理治疗。

值得关注的是，严重抑郁症将导致自杀的发生，近年来，儿童发生自杀自伤现象日益增多。

儿童抑郁的识别率低，但仍有一些明显特征：情绪波动大，行为冲动；发脾气，离家出走；学习成绩下降，拒绝上学。

另外，不同的年龄段抑郁的表现各有特点：3~5 岁学龄前儿童主要表现特点为明显对游戏失去兴趣，在游戏中不断有自卑、自责、自残和自杀表现。6~8 岁的儿童主要有躯体化症状，如腹部疼痛、头痛、身体不舒服等；有痛哭流涕、大声喊叫、无法解释的激惹和冲动。9~12 岁儿童更多表现为空虚无聊、自信心低下、自责自罪、无助无望、离家出走、恐惧死亡。

如果孩子出现了类似状况，并且持续了半个月以上，最好带孩子到精神科咨询一下，以便及早治疗，争取最佳的疗效。

第二节　容易烦恼的青少年时期

根据生理和心理的发展特点以及教育学和法学的分类，我们把13~18岁称之为青少年时期。

【来访者自述】

“第一次很绝望想自杀是在初中，现在想来(咨询)就是想解决自己的问题。感觉活着是为了父母。”

【来访者自述】

(某女，15岁，某重点高中学生。)“老想不好的事，比方说流感来了，我要得了怎么办；考不上大学怎么办；考上大学以后怎么办；现在找工作这么难，总是离不开父母怎么办。还常常哭。”

美国研究者的调查表明，抑郁在青少年中的发生比率可能达到5%~10%，这与澳大利亚及意大利的研究结果一致。

许多轻生的青少年其实都患了抑郁症，这一个事实常被忽略。最先被留意到的，可能是一些行为的转变，例如成绩明显退步，在课堂发白日梦和成为班里的笑柄等。此外，抑郁的情绪令他们变得非常沉默和远离他人，暴躁的情绪使他们有侵略性和好勇斗狠，甚至与老师和学校对着干，像是放弃了自己一样地不顾一切。还有，他们可能为了改变自己的情绪而尝试滥用药物。

青少年抑郁者在初期很难判断，很多都表现为我们家长和老师认为的“品行问题”，而这也是很多青少年抑郁者在状况恶化到“抑郁症”时才被发现的主要原因。青少年抑郁的主要特征是情绪低落、思维迟缓、郁郁寡欢、闷闷不乐、无精打采，往往可能出现以下表现：

(1)思想上的改变：专往负面去猜测。如自认为考试成绩不理想；认为自己不会与人交往，自己的某些做法是一种错误，甚至是罪过，给别人造成了麻烦；认为自己的病可能是“精神病”。经常对环境不满，可能在学校和他人发生过一些矛盾，或者根本就没什么原因，当事人便深感所处环境的重重压力，经常心烦意乱，郁郁寡欢，不能安心学习，迫切要求父母为其想办法，调换班级、学校。当真的到了一个新的地方，当事人的状态并没有随之好转，反而另有理由和借口，还是认为环境不尽如人意，反复要求改变。

(2)情绪上的改变：暴躁、易怒，毫无理由地出现情绪波动；或变得情绪低落、沉默少语、有时无故哭泣、易忘事、喜独处、经常自责，对平常喜欢的活动也不再有兴趣，如对跟伙伴玩耍和参加有趣的活动毫无兴致。目光垂视、呆滞无神、表情冷漠、易激怒、敏感、哭闹、好发脾气、焦躁不安、厌倦、胆小、羞怯、孤独、注意力不集中、易受惊吓，常伴有自责自罪感，认为自己笨拙、愚蠢、丑陋、没有价值，灰心丧气，自暴自弃，唉声叹气，对周围的人和事不感兴趣，没有愉快感等。

(3)行为上的改变：行为与过去判若两人，过去很听话，对父母的管教言听计从的孩子忽然变得好顶嘴、不听话、多动，爱攻击别人，易激愤和冲动；不整理自己的房间，乱扔衣物，洗脸慢，梳头慢，吃饭慢，不完成作业等；害怕去学校，不愿社交，故意回避熟人；在学校的表现变得越来越糟，不服从管教，冲动，表达能力差，厌学，注意力不集中，学习成绩下降，记忆力下降，与同学的关系逐渐疏远；开始谈论离家出走、生命与死亡方面的话题。较严重的表现为逃学，夜不归宿，离家出走，跟父母翻旧账(童年所受的粗暴教育，父母离异再婚对自己的影响等)，要与父母一刀两断等。严重者可能有自伤及自杀冲动和行为，重度抑郁者可能利用各种方式自杀。对自杀未果者，如果只抢救了生命，未对其进行抗抑郁治疗(包括心理治疗)，抑郁者仍会重复自杀。这类自杀是有心理病理因素和生物化学因素的，抑郁者并非心甘情愿地想去死，而是被疾病因素所左右，身不由己。

青少年抑郁的表现在很大程度上与儿童抑郁类似，但青少年更多出现冲动、易激惹、行为改变、鲁莽不计后果、学习成绩下降、食欲改变和拒绝上学的现象。

第三节 为目标所惑的青年抑郁

【来访者自述】

“第一次抑郁(实际上指的是来访者第一次抑郁症严重发作住院治疗)是在22岁，当时躺在病床上，想着是弄点空气进打点滴的管子，还是瞅空爬上医院的顶楼，如果那样的话，至少真正为自己选择了一次，而不是一直为了别人活着。”

随着人类社会物质文明的高速发展和经济竞争的日益加剧，我们被教育得将金钱、名利与幸福等同。然而，心理学家们多年的研究发现，更加追求金钱和名利的青年人患上抑郁症的机会较那些并不十分看中金钱和名利的青年人要高出20%。

很多青年人认为幸福至少意味着自己有了很多钱和能够出人头地。为此，他们会花很大的气力去达到这种状态。有些人在这个追逐的过程中迷失了自我，不知道什么是自己真正想要的，什么是别人或者自己以为自己想要的；不知道什么是自己拥有的，什么是自己以为自己拥有的，但同时却清晰地明白什么是家长、社会需要的，并为此努力。可是，并不是努力了就一定能达成目标的，在现实生活中，能够在财富和地位上都达到显赫状态者毕竟是金字塔的顶尖，少之又少。当这种理想的幸福模式不能实现时，很多年轻人会简单地将原因归咎于自己无能，情绪从原来的高涨状态变成一落千丈。而且追求完美且一直表现优秀的青年人更易抑郁，因为目标和现实之间的差距相对更大，使其更易陷入抑郁的漩涡。假如不及时疏导，这种沮丧失落的心理状态会渐渐演变成抑郁症，表现为吃什么都不香，经常睡不着觉，焦躁，喜欢发呆，对四周的事物、朋友和原来喜欢的东西不是持以怀疑的态度，就是丧失爱好。

年轻人的抑郁的形成和发展在很大程度上取决于其心理状态。一般来讲，比较“世俗”的人不易抑郁。因此，改善和及时调整心态有利于从不同的角度看问题，从而避免钻牛角尖。同时，年轻人在为自己确定发展目标时，不宜将一些不切实际的理想定为目标。这样，就可以避免因为无法实现自己的高目标而产生巨大的失落。成功的人毕竟是少数，而且，他们有成功的原因和条件。假如简单地将自己的基本情况与那些成功人士相比，你或许会觉得没多大差异，因而得出你也可以成功的结论。而这种比较，往往是个危险的陷阱。心理学家的研究表明，年轻人在追求向上和好生活的过程中，需要实事求是。特别是不要轻易将成功人士做到的事情作为自己今后的发展目标，也不要常将自己与四周那些已经取得成就的年轻人相比。每个人的发展取决于自己的具体情况。

第四节　旷日持久的中年抑郁

【案例】

李老师和老公一起生活22年了，夫妻之间一直和睦相处，波澜不惊。可是李老师发现自己最近特别留意老公的举止，尤其是看到老公和别的女人在一起的时候，虽然也知道他们不是那样的关系，可心里面总觉得酸溜溜的不是滋味。有时甚至会醋意大发，把老公弄得十分狼狈。两人之间的关系也因此紧张起来。李老师说，随着年龄的增长，她渐渐产生了一些焦虑和抑郁的情绪，怕失去往日幸福的家庭，怕失去丈夫的爱，于是只能整天疑神疑鬼地监视和控制丈夫，怕他有外遇，但事实情况是，越是如此，越会影响夫妻两人的感情。李老师觉得很累很压抑，但是又别无他法。

【案例】

张某是下岗工人，自企业倒闭后她的情绪一直很低落，进入不惑之年的她渐渐变得脾气暴躁、不耐烦。后来咨询心理医生，才被告知其行为是抑郁症的症状。

很多人说步入中年的标志是旷日持久的抑郁。英国沃里克大学和美国达特茅斯学院的研究人员对80个国家200万人的数据进行分析。经过分析，他们发现中年人保持着较高的抑郁症发病率，而且这一现象在世界各地都是一致的。发生抑郁症的年龄在中年男女人群中区别并不大，唯一的例外是美国，当地女性往往在40岁左右感到最不开心，而男性则是50岁左右才有抑郁问题。不少研究都得出“44岁是抑郁集中爆发的危险年龄”这一论断，但中年人的抑郁情绪并非在这个年龄突然出现，而是之前有一个缓慢的积累过程。研究人员还发现，虽然中年人面临抑郁的危险，但有部分人的抑郁到 50 岁之后会出现自然缓解。

之所以中年人会如此不开心，可能是因为中年往往是人们必须接受现实，承认自己年轻时的一些理想可能永远实现不了的时候；可能是开始意识到生命的短暂和脆弱，开始意识到老年到来的必然性却没准备好，体力和精力开始逐渐走下坡路，工作岗位和家庭中的责任加重；可能是儿女的自立导致家庭状况发生变化，同时开始需要投入大量的金钱和体力照顾夫妻双方老年的父母，等等。

俗话说：人生不如意之事十有八九。不论是生活还是工作，不论是男女老少，都会因为这样那样的原因或境况而遭遇抑郁。人生本来就不可避免地会遇到各种矛盾冲突，面对这些刺激，只有努力让自己重新变得乐观积极起来才是有效的。但是将抑郁置之不理，它可不会真的自行痊愈，我们可以做的是，调整自己的心态，加强心理抗震能力。

抑郁并不可怕，中年也不是魔鬼，只要学会认识自我，学会自我释放和自我调适，那么很多困扰就能够拨开云雾见月明了。

第五节 抑郁高发的更年期

【案例】

邻居家的李奶奶因为小孙女的出生提前退休了。李奶奶原本很开朗，最近一年以来却好像变了个人，动作缓慢僵硬，很少的家务劳动需要很长的时间才能完成，也不爱主动讲话，就连小孙女都说奶奶不爱自己了。

据报道，进入更年期的女性，约有46%的人存在着不同程度的抑郁，明显高于其他年龄段。近年来越来越多的学者倾向于接受男性也有更年期这一事实，目前称之为中年男子雄激素部分缺乏综合症。

更年期对女性来说，是指卵巢功能从旺盛状态逐渐衰退到完全消失的一个过渡时期，包括绝经前后的一段时间，是妇女从生育期逐渐进入老年期的过渡阶段，也是人体衰老进程中的一个重要而且生理变化特别明显的阶段。女性更年期一般是45岁至55岁，但有关研究表明，目前卵巢功能早衰不仅有低龄化趋势，而且发病率越来越高，也就是相当部分的人存在更年期提前，所以以上年龄只做参考。

男性或女性更年期主要的心理变化就是具有比较明显的情绪反应，情绪易波动，往往过分敏感、多疑，好生事，容易把发生在周围的一些不愉快的事件强行与自己联系起来。这些联想往往是灰色的，使人不愉快、懊恼、伤心。

更年期抑郁者，脑海里反复出现一些不愉快的往事，或者对前途忧心忡忡，总是觉得没有安全感；在夜晚常常会出现早醒、多梦、入睡困难等睡眠障碍；清晨起床后不能恢复充沛精力，思维不够清晰，白天容易头昏、疲乏、无力或瞌睡；认知功能受损，工作与学习能力下降，记忆力下降；注意力不能集中，做事常常走神；食欲不好，便秘成为常态，体重不知不觉下降；常常感到咽喉和胸部有紧缩感，头疼，身体疼痛，出现胃肠症状等；大多悲观厌世，不爱与人沟通和交流，甚至无缘无故厌恶他人。

1. 女性更年期抑郁

相对于男性更年期抑郁来说，女性更年期抑郁更为常见。

女性进入更年期后，卵巢开始萎缩，绝经后雌激素分泌锐减，出现烦躁、易激动、潮热等更年期综合征的症状，有时当众发作，令人焦急不安、心情不悦；若不能及时调整心态，正确对待，反复下去就易发生抑郁。女性绝经后由于体内雌激素消耗殆尽，致性欲减退甚至无性要求，给夫妻关系带来了极大不便。如果夫妻双方对此问题没有一个应变之策，双方原先亲密无间的关系就会出现裂痕，势必会增加妻子的心理负担，长期下去就会导致抑郁的发生。

更年期妇女多临近退休威胁，退休后就觉得无事可干，如果不能主动参加社会活动，又不去开拓美好的生活，享受生活乐趣，而是整天闭门自思，闷闷不乐，自讨苦吃，久而久之便产生抑郁。另外，离开久居的老地方，到陌生的新环境；随儿女的家庭一起生活或丧偶独自生活而又没有及时调整等，都会因不能适应新的生活环境变化而产生抑郁。

女性更年期抑郁在躯体、思维、情绪和行为等方面都会有所表现。

(1)躯体表现：面容憔悴苍老，目光迟滞，胃口差，体质下降，汗液和唾液分泌减少，便秘，性欲减退，常闭经。睡眠障碍中以早醒最为突出，这也是抑郁的特征性症状之一。抑郁者往往较以前早醒2~3小时，醒后不能再入睡，充满悲观情绪等待新一天的到来。

(2)思维表现：联想缓慢，语速慢，语音低，语量少，应答迟钝，一言一行都需克服重大阻力。严重时，可呈木僵状态。有激越倾向的抑郁者言语动作都会明显增加，焦虑恐惧，激动自伤，危险性很大。

(3)情绪表现：情绪低落，在短时间内表现为各种情感体验能力的减退，无精打采，对一切事物都不感兴趣。此外，沉重的抑郁情绪总是带来自责自罪，感到自己已丧失了工作能力，甚至自认为是废物或社会寄生虫。

(4)行为表现：动作尤其手势动作减少，行动缓慢。少数抑郁状态严重者，可能缄默不语，卧床不动，我们称之为抑郁性木僵状态。自杀企图和行为是抑郁者最危险的症状，可能出现在症状严重期，也可能出现在早期或好转时。当事人往往事先有周密计划，行动隐蔽，以逃避医护人员和亲人的注意。

2. 男性更年期抑郁

男性也存在更年期抑郁的状况。男性步入45~55岁，睾丸开始萎缩，睾丸酮分泌显著减少，体内各种性激素水平发生紊乱，便进入更年期。这是机体由中年向老年过渡的时期，会引起体内一系列平衡失调。此时由于植物神经功能失调和内分泌功能紊乱，可导致心血管症状、精神神经症状、代谢障碍症状以及前列腺肥大性附属器官变化等症状的出现。

男性更年期抑郁者一般会蜗居在家，不愿与人交流，减少社交活动。因此，千万别把自己闷在屋里想心事，要强迫自己找一些排解的方式，尤其是当你伤心、焦虑、生气的时候，最好能转移注意力，并根据自己以前的兴趣，尽量多地进行户外活动。不管怎么说都一定要动起来。

男性更年期抑郁表现最典型的特征是易被激怒、脾气暴躁。由于雄性激素的作用，男性本来就容易发怒，再加上更年期内分泌紊乱，就更容易动怒。因此，男性在进行更年期抑郁的自我调节时，首先要学会控制并调节自己的情绪，尤其是怒意。

男性更年期抑郁的表现还体现在以往豁达大度的会变得斤斤计较起来。因此，中年男性意识到自己进入更年期后，要刻意用多个角度来思考问题，努力向乐观、开朗方面调节，处世待人的时候心胸要开阔，力图做到拿得起，放得下。

更年期的变化是不以人的意志为转移的生理现象，是生命活动的客观规律。更年期不是疾病和身体衰弱的代名词，而是一个年龄段。处于更年期的抑郁者可以学着了解并接纳这个阶段的自己，增强自我控制力。反之，如果整天心烦意乱、忧心忡忡、悲观沮丧、惶惶不可终日，则会加重更年期抑郁的症状。

更年期抑郁者精神稳定性差，情感波动大，心理容易失衡，适当的宣泄非常重要，如与亲友倾诉，和音乐交流，与书籍对话，拥抱大自然，学习换位思考，使自己得到一种精神慰藉。

兴趣是一个人生活中必不可少的精神食粮。可在家务之余参加各类活动，如插花、编织、种花、裁剪、旅游、烹调、跳舞、看书、书法、绘画、听音乐、逛商店等。这些活动既可以陶冶情操，也可以增加一些生活技能。此外，适当的运动会使更年期抑郁者生活充满朝气，提高身体的适应性和免疫力。

第六节 不被理解的老年抑郁

【案例】

王女士今年66岁，往日精神头儿还不错，也很健谈，但近半年变得不爱运动，动作缓慢僵硬，也不爱主动讲话，说话时简短低弱；面部表情变化少，对外界动向常常无动于衷；她说许多事情她都做不了，想不起怎么做，头脑一片空白。子女很着急，带她到医院诊治，确诊为老年抑郁症。

【案例】

龚先生今年73岁，每当他想到父亲是73岁去世，再联想到自己也到了这个岁数，就不由自主地感到悲哀。起初，他觉得自己患了绝症，原因是躯体不适，以消化道疾病最多见，如胃痛、便秘、腹痛、打嗝、食欲减退。在多家医院做了详细检查后，他得知自己的胃肠一切正常。但他不相信这些结果，仍到处求治求医。渐渐地，龚先生情绪特别易激动，爱发脾气，常为一些小事与家人争吵不休，弄得家人谁也不敢理他、惹他。近来，他常感到自己年轻时做过许多错事，不可饶恕(其实，他一直是谨慎严肃的人)。为此他常担心自己和家庭遭到不幸，不敢走出家门，有时坐卧不安，难以入睡。他变得越来越消沉，无精打采，有孤独感，不想说话，行动迟缓，表情淡漠呆滞；以往很感兴趣的事变得索然无味，如打牌、炒股、跳舞。他感到自己老了，什么都干不了了。

近来，龚先生越来越悲观，感到自己没用，真是生不如死。他感到父亲在天之灵向他发出召唤，于是想触电自杀，由于开关跳闸而自杀未遂。家人为他着急万分，时时刻刻要人守护他，但龚先生仍不断企图自杀。家人束手无策，把龚先生送往心理科就诊，诊断为重度抑郁症收住入院。

抑郁症是老年人常见的一类精神疾病。老年抑郁的发生与居住环境、经济因素、健康状况等生活事件有关，其中以丧偶、家属重病重伤、家庭关系不良、移居、经济拮据等为主。这些事件与抑郁发生的时间有密切的关系。

2009年11月，在美国亚特兰大心理学学术会议上，一组调研数字引起了国内外同行的广泛关注。该研究结果表明：当前中国老年人抑郁症的发生比例显著升高，与西方发达国家相当。尽管根据世界卫生组织的定义，发展中国家60岁以上的才称做老年人，但这次调研包括了55岁以上的，因为我国很多女性到55岁退休。经过统计分析得出以下比较有意义的结果：目前我国老年人抑郁症的发生比例接近40%。这个数字与20世纪90年代的不足10%相比，有了大幅度增长。随着年龄的增长，抑郁的发生更加普遍，80岁以后老人抑郁症的发生比例有一个更明显的上升趋势。较高的文化程度、良好的家庭关系、身体健康和经济保障都是有效预防和减少抑郁发生的保护因素。也就是说，文化程度高、老伴健在、与子女关系融洽、有基本经济保障、身体健康并积极参与各项互动的老年人，心理健康状况较好；而文化程度不高、配偶去世或离异、与家人关系紧张、体弱多病、经济困难、长期呆在家里且不愿参与活动的老年人，抑郁情况则比较突出。在经济条件相对落后的西部地区，老年人患抑郁症的比例较北部、南部地区高，而其主动求助、求医比例却比发达地区低。

与青壮年抑郁相比，老年抑郁的表现有一些不同之处。老年抑郁多有诱发因素，躯体症状明显，疑病症状突出，如话语增多，认知功能减退，产生抑郁的想法，情绪低落或情绪激动且难以平静，等等。

老年抑郁者的抑郁症状容易被躯体症状所掩盖，当事人往往否认自己有抑郁的感觉，而承认有很多躯体不适，如失眠或睡眠欠佳，体重下降明显，没有食欲，疲劳，有些抑郁者会出现全身部位不固定的疼痛。这些老年人常在医院的各个科室求诊，但始终查不到病因。

据报道，60岁以上的老年抑郁症患者中，大约有1/3的人以疑病为首发症状。疑病内容常涉及消化系统，如胃肠不适、便秘。当事人常从一种并不严重的躯体疾病开始，表现出对身体的过度注意，对疾病过分反应。当事人担心自己患了心脏病、癌症，因而常去医院检查，甚至觉得自己病入膏肓，将不久于人世。

一些老年人抑郁之后，虽然情绪低落，但精神活动并没有减少，语言啰嗦，唠叨不停，经常回忆过去的不幸经历，埋怨亲人，反复诉说。

约有80%的当事人承认自己的记忆力减退。常感觉脑子反应慢了，注意力集中不起来，计算困难，判断能力下降。与老年痴呆症不同，老年抑郁者抑郁前的智力完好，抑郁后脑子突然不好使了，回答问题虽然缓慢，但思考后的回答还是切题的。

有的老年抑郁者认为自己一贫如洗，无力承担吃饭穿衣的费用，有病却拒绝医治；有的认为自己一生都是过错，对不起家人和单位，为此泪流满面。

情绪激动时，抑郁的老年人常常表现得坐立不安，对以前喜欢的事没有兴趣，高兴不起来，他们感觉精神紧张，无法自制，显得手足无措。轻者搓手顿足，徘徊踱步；重者无法静坐，不停地走动，或抓头发、抓皮肤，片刻不得安宁。这种伴有明显焦虑症状的抑郁，容易导致自杀等严重后果。

维护老年人的心理健康，不仅依赖于老年人自身的调整，也与家庭成员的努力分不开。减少老年抑郁的一个重要因素就是与亲人的良好关系，首先是与老伴之间的默契，其次是亲子关系。相比之下，儿女能做的事情更多。父母最需要的是尊重。人上了岁数，就会感觉自己的身体不行了，也没工作了，再能干的老人都会缺乏安全感。所以，需要多给老人一些尊重，遇到事情打个电话和他们商量，不是要他们的意见和建议，而是让他们感觉很满足。特别是城市的老人对物质的要求不是太高，他们更看重心理的需求。如果孩子们送他们礼物，他们嘴上说“不要，不要，什么都有”，但心里还是会很高兴，因为礼物代表了“孩子们很看重我，很在意我，老记得我”。当老人帮忙带孩子时，很多子女认为父母都这样，是理所当然的，其实不然，父母有照顾子女的责任，但没有照顾隔代的义务，所以需要感谢父母为我们提供类似的帮助，并给予一定的经济补偿。

如果能及早发现抑郁的苗头，在出现一些早期症状时进行干预，对提高老年人的生活质量是非常重要的。抑郁症一旦确诊，会给当事人及其家属带来一定的经济负担，在各种疾病中，抑郁症给病人造成的负担排在第四位；在各种非传染性疾病中，抑郁症的负担排在第一位。可见早期介入可以降低经济负担，愈后状况也会更好。

当然了，老伴的默契和儿女的关心都不如自己来得重要，老年人可以学会自我调整与适应，需要自己找点儿“工作”，也就是自己给自己找事干。这固然会产生一定的压力，但也会激发人的潜能，使人保持健康状态，而真的退了而且休了就很容易丧失活力，致使健康水平下降。所以老年人在力所能及的范围内从事劳动，无论是有偿劳动还是无偿劳动，都有利于社会和自身。可以做的事很多，诸如发挥自身的专长，培养兴趣爱好，上老年大学，运动健身，做义工，甚至在家做好子女们的后勤服务，带孩子，等等。这可不仅仅是在尽义务，为他人服务，实际上在“尽义务”的同时，你收获的是自己的健康和满足。还可以从起居、饮食等方面善待自己，多参加一些体育锻炼，多读养生书籍，定期接受体检，有了疾病积极配合治疗。

第七节　产后抑郁

【来访者自述】

“我本是一个乐观、开朗、容易满足的人，婚后虽然家庭收入比周围的同事都少，但是夫妻关系融洽，家里事情由婆婆一手操办，我没什么很操心的事情，觉得很幸福。我一直不想要小孩，不喜欢小孩子调皮吵闹，但公公婆婆很想早点抱孙子，承诺只要我生下孩子，什么都不用管了。在他们及老公的劝说下，我顺利地怀孕了。怀孕初期我很享福，那时我心里一直都想要一个女孩，女孩对自己多贴心呀！

可是我很意外地生了个男孩，公公和婆婆高兴地说是祖上积德。我本以为从此我会得到更好的照顾，可没想到得到好的照顾的是我的儿子，是那个成天吵闹哭哭啼啼地赖在我旁边的家伙，而不是我。我的睡眠一向很不好，而婆婆说孩子一定要跟妈妈睡，而且拒绝在孩子睡着的时候抱开让我睡会儿，所以一直到断奶(6个月)，我不知道睡个整觉是什么感觉。老公其实是疼我的，工作之余，回来就带孩子，宁可让儿子喝点牛奶，也希望在那短暂的两三个小时我能睡一小觉。

公公每天早上是要锻炼身体的，我问他能否不去锻炼，把那个时间腾出来照顾孙子，可以让我休息会儿，被断然拒绝了，为此我筷子一扔不吃饭了。

我本来身体就不好，而月子里太虚弱了。婆婆每天忙着到处炫耀添了孙，全然把我忘在家里，我经常饿着肚子照顾孩子。

他们的承诺变成了一纸空谈，我失落满怀，经常一个人抱着孩子哭。我的脾气越来越差，老公觉得我变了，曾经温柔可人的那个我不见了，觉得我不可理喻。

心情差，奶水就不好。每次喂奶的时候，婆婆就出现了，她说喂奶的时候应该是咕咕的，孩子肯定没吃饱。喂奶成了我的梦魇。

还没有休完产假，新的学期开始了。我急于逃离那个家，提前上班。每天中午我还要回去喂一次奶，晚上依然无法入眠，睡觉对于我而言是一件太奢侈的事情。老公也疲惫了，晚上再也不会起来管孩子。工作太忙了，我好累。我的苦痛朋友们没办法理解，因为他们没有经历过。甚至在这个时候说我工作上有野心，所以才这么早就上班。在家里，我总在抱怨，和老公天天有小吵，两天一大吵，老公开始经常应酬不想回家。没有了朋友的理解，失去了老公的支持，我孤立无援。我很绝望，经常抱着孩子时有把他扔到地上的想法。”

产后抑郁只是一个笼统的称谓，实际上它包括了一组严重程度不同的不良情绪或情感障碍，从程度最轻的产后心境不良到严重的符合重症抑郁标准的情感障碍。在中国，产妇分娩后，往往对心理变化不够重视，也羞于寻求心理咨询帮助，因此，一些相关的产妇心理状况统计数据并没有多大参考性。而据国外的一些统计数据显示，在日本，产后一个月内发生抑郁的几率为 3.1%，在英国这个数据是 20%。

生育是人生的一大转变，激素改变、生活事件、缺乏社会支持等因素会导致产后抑郁的出现。

产后第三日，血液中雌激素和黄体酮水平降至最低。研究发现，分娩前期雌激素水平高者，产后容易被激怒，而黄体酮水平在产后下降越多者，越容易出现抑郁。如生产时出现意外、婚姻关系不良、婆媳矛盾、新保姆、搬家、环境改变等均会加重产后应激的程度。如果在产前有过抑郁的病史，在产后出现抑郁的风险更大。

产后抑郁的主要症状一般在产后两周开始，产后四到六周逐渐呈现。产后抑郁主要体现在思维变化、情绪变化、身体变化以及行为改变等方面。

产后抑郁者思维变化表现在不能集中精神、思绪混乱和出现很多负面想法上：自责或罪恶感（“我是没用的母亲”，“我很笨，都是我的错”）；往最坏的方向想（“所有的事都会出错，情况永远不会好转”）；绝望的思想（“没有我存在，其他人会好过些”）。情绪上是自我感觉不快乐、伤心和绝望，时常哭泣或想哭但哭不出来，觉得自己没用，情绪大起大落，易怒，对婴儿感觉不到爱或不感兴趣。身体变化表现在缺乏精力及感觉疲惫，睡眠不安，吃得过多或没有食欲。行为上是不与人打交道、不外出，不再做以往喜欢的事情，不干日常家务，经常吵闹、叫骂，忽视、不理睬甚至仇视婴儿。

产后抑郁高危人群包括未满 20 岁的产妇，未婚的单亲妈妈，收入少、经济状况差、居住条件差的产妇，出生于单亲家庭的产妇，在童年时期因父母照顾不周而一直缺乏安全感的产妇，在怀孕期间同丈夫关系不好或缺乏家人的关心的产妇，孕前或怀孕期间常出现情绪失控的产妇，可以深谈或依赖的家人或朋友很少的产妇，怀孕或产后生活压力太大的产妇，等等。另外，孩子出生后，全家人的关注重心忽然由产妇转向新生儿，也会使产妇情绪失落。育儿技能不足，也会让其产生无助感，这种无助感会以失眠、无助、烦躁、兴趣减退、伤心、绝望等症状和情绪表现出来。

很多女性都将随着孩子的出生经历一段抑郁时光，其中大部分征兆不明显或转瞬即逝，如出现一阵不稳定情绪，莫名地哭泣或心情欠佳，有 10%～15%的新妈妈有这种情况。

产后抑郁可能造成母婴连接障碍。母婴连接是指母亲和婴儿之间的情绪纽带，它取决于一些因素，包括母婴间的躯体接触、婴儿的行为和母亲的情绪反应等。母婴连接障碍往往会对孩子造成不良影响，儿童多动症可能与婴儿时期的母婴连接不良有关。

针对心理上的变化，主要是产妇要有合适的思维模式。很多产妇在生产后都会对担任母亲这一角色不太适应，此时家属和产妇要共同努力，尽快适应角色转换。另外，预防产后抑郁可以从孕期就开始，孕妇要了解整个孕期的身体变化，从医生那里获得正确的科学育儿知识，为迎接新生儿到来做好充分的准备，这能减少产后抑郁的发生。产后抑郁可以通过一些调节改善，如适当增加户外活动和锻炼，与朋友会面，增加有兴趣的活动，如看电影等。中重度的产后抑郁则需要专业人员介入。

第八节 疾病抑郁

【案例】

张大爷退休后在小区任楼栋长，挺热闹的一个人，犯了一次脑梗，偏瘫了。出院后，经过家人的全心照料，张大爷慢慢能走路了，可他却不爱出门了，社会活动也不参加了，家里人他谁也看不顺眼，孩子们回来看他他嫌吵，不回来他说不记得他，整天拉长了脸，抱怨全身到处难受，三天两头跑医院，可也没发现多大异常。家人都不知道拿他怎么办。

【来访者自述】

(某男，25岁，某重点大学毕业。)“我蛮早就想来心理咨询，从中学开始，但有点害怕，也没机会。我很敏感，处事能力差，自卑，懦弱，这些问题都算是困扰。记得初三时身体超级差，又要中考，长时间心情糟糕，高一好一点，到高三又生病了。那个时候天天和爸爸吵架，到大学时好一点。原来很生气时(生爸爸的气)会想，活着真没意思。

一直认为只要身体好，吃点苦没什么。之所以会这样，是因为我初三开始生病，又是乙肝带菌者，可能确实生活条件不好，那个时候身体很差，神经衰弱，睡不着，时不时感冒，状态蛮差，鼻炎也有，医生让我休学在家休息，说这病三分治七分养的，但爸爸不同意，他很严厉，因为要中考了。那个时候开始很孤独，很崩溃，真的不想活了，都不知道是怎么过来的，承受的不是一般人能想象的，那种孤单和无助没生病的人是没法了解的。高二时查出乙肝，当时是一直不太舒服，身体很糟糕，同学都说怎么瘦成那样，但这样还是参加高考了，因为交了钱，我希望休学，医生也建议休学，我都撑不下去了，绝望了，只是想谁来救我，生那个病没人理解你，但爸爸还是不同意，他担心休学之后学习怎么办，你怎么说他都不会听。高三时我跟他关系很僵，有些怪他，熬得很辛苦，还有其他一些问题，所以跟同学相处时特别敏感。

之所以与爸爸那样，是觉得我经历过真的要死了的感觉，高考那段时间我是吃不下饭，每天只吃两碗稀饭，当时本来就紧张，这病就是求生不得、求死不能的，生病后对所有事情的看法都变了。其实我小的时候，自我感觉不错，熟人都觉得我是个外向的男生，几年就变了，总要与人保持距离，总是莫名其妙地紧张，也不想结婚了，这个病已经把我整个生活变掉了，只是孤单地走着一条对生命独自感觉和体验的路。”

人在生病时会特别脆弱，特别是在患了重病后，很容易引发抑郁。

中风后发生抑郁的比例可高达20%~40%。中风抑郁常发生在病后的1~3个月，表现轻重不一，不容易被识别。部分病人不爱外出、行动缓慢，常被误认为是走路不便导致的；部分病人认知功能受损，如不能说话、记忆力下降等，家人会觉得病人说话少很自然，容易忽视这些表现。

疾病抑郁不利于病人的康复，导致生活质量的进一步下降，甚至会增加意外死亡的发生几率。伴有抑郁的病人对治疗信心不足，觉得无助、无望，往往不能积极配合治疗，抑郁严重者可能采取极端的方法结束自己的生命。而且病人和家人往往把主要精力用在疾病的治疗和症状的康复上，而且人们常认为生了重病不高兴是正常的，结果，即使发现病人的情绪有些低落，也不当回事。

重症病人在得病后，生活往往会发生很大变化。患病前，他们可能仍在工作，甚至是领导干部，受到大家的重视；或者操持家务，是家里的主心骨。而患病后很难像原来那样做出贡献了，会感到自己没用了，只是给家人增加负担。而且患病后的麻烦事也很多，经常去医院，经济压力加大，而且人际关系也变了，有些在患病前都很好应付的事情，在患病后情绪不太好的状况下未必能处理妥当。

人在健康的时候不会想到自己某天会患上重病，重病本身会让人开始对自己的健康产生忧虑情绪，怕再次发作或出现更严重的疾病，为此心里不踏实，整天惶恐不安。

如果病人每天多数时间都高兴不起来，持续两周以上就需要考虑疾病抑郁，特别是出现早醒的状况，比平时早一个小时以上，或是清晨起床时情绪特别低落，就需要找医生评估了。

另外，研究发现，独居的、家庭支持少的病人属于病后抑郁高发人群。

神经症的抑郁

神经症在广泛的意义上可以指任何引起沮丧的精神失衡。神经症属于功能性心理障碍的一类，患者有痛苦的感觉，但不包括妄想和幻觉，其行为也不会让人在社会上难以接受。

在《中国精神疾病分类与诊断标准》第三版中对神经症的定义为："神经症是一组主要表现为焦虑、抑郁、恐惧、强迫、疑病症状，或神经衰弱症状的精神障碍。"

【来访者自述】

（男，24岁，诊断为强迫症。）"最近情绪特别低落，因为这一段时间想法不对劲，总是害怕自己得了这个病那个病，就像真的得了这个病，癌症、艾滋病、白血病都想过。

初二开始怀疑自己的，一次看《健康之路》，关于艾滋病的，当时就担心了好长一段时间，见不得红色的东西，后来发展到见不得深色东西，最后到见不得液体。大冬天洗手能洗 10 分钟，后来更严重，高中时摸什么都怕有毒，洗手更勤。

情绪是跟着这种状况的严重程度走的，状况严重时就特别痛苦，情绪就特别低，情绪低状况好像就更严重。”

【来访者自述】

（男，18 岁，诊断为焦虑症。）“我们竞赛班的压力是很大的。蛮自闭，蛮压抑。那些东西很枯燥，常找一个安静的地方独自复习到晚上 12 点，然后早上 6 点多起床，那时心理问题开始恶化。自己能意识得到，常常做自我思想斗争，一直以为是强迫症，直到去了医院，才确诊为焦虑症。……一紧张，就喘不过气来，手心老出汗。只要和爸爸一吵架就睡不着，睡不着真的难受得要命，当时都不想活了。”

抑郁是诸多神经症的伴随症状，一般随神经症的症状严重程度发展而加深。简单地说，越严重的神经症抑郁越重，而且互相影响。抑郁越严重，神经症的好转越困难。如重度强迫症患者极易出现抑郁症状，需要强制治疗，通常患者已经无法出门，将自己禁锢家中，无时无刻不在强迫思考，无时无刻不在执行强迫行为。因为神经症的缓解和治愈是需要时间的，多数神经症患者在长期的治疗中没有得到预期的效果时，他们的抑郁症状会加重。

一般治疗各类神经症时均存在抗抑郁药物，或就是用抗抑郁药物来治疗。在医院就诊后如果需要用药物治疗，请遵医嘱服药，不能擅自减药或停药。

第九节 创伤抑郁

影响心理的社会因素有很多，除了性格、遗传之外，还有各类突发的负性生活事件。负性生活事件会使人处于应激的状态，身体机能会发生相应的改变，在一定条件下能引起抑郁，称之为创伤抑郁。

【来访者自述】

“被男朋友甩了，而且是因为一个身高、长相都不如我的女的。那天一起吃饭，我开玩笑地检查他的手机，看到短信，他说别人追他，他被感动了。

我们是去年开始，到现在共409天，他对我很好，冬天给我拿热水袋。他说这段时间我一直只做自己的事忽略他了。我一直认为自己错了，错过一个爱我的人，还跟他发短信，被这件事折磨。可能我留不住一个人，男人喜欢一个人时特别特别喜欢，不喜欢时就像个陌生人。前些时我还开着手机，想他可能会给我打电话，心里隐隐有那种希望，但现在觉得不可能，永远不可能了。

我不相信爱情，留住一个人太难了，他特绝情，我算是尝到了人情的冷暖。还是一个身高、长相都不如我的，感觉整个人都没尊严了。”

【来访者自述】

“父亲不在(去世)七八年了，如果我因他的悲痛控制在两三年内应该是正常的，可现在都这么长时间了(马上哭出来，情绪很激动)，只要碰到一点和爸爸有关的事，就很难过。甚至很多时候都觉得爸爸还在。”

【来访者自述】

“我一直以来都认为自己有问题。我有个妹妹，父亲出车祸去世后送给了别人，那时我3岁。妈妈后来再嫁，继父一家都没排外，很随和，但我总有借住的感觉。我跟着外婆，外婆对我很好，真的很好(哭)，但自我记事起就觉得没什么是真正属于我的。我从来没说过‘我家如何如何’，只说‘我外婆家，我舅舅家’，真的觉得世上再没有比外婆对我更好的了，我觉得这些都不应该是我的，心理上像是亏欠妹妹。

妹妹养成了一些不好的习惯，如果她换了是我，可能会继续读书，她现在不读书了，我觉得如果我是她也可能是那个样子。只要吃饱穿暖，对别的都无所谓，但我特别敏感，只要是对别人说的话、做的事伤害到别人，就特别自责。最不喜欢别人说是为了我好，这样就又欠了别人很多。”

【来访者自述】

(女，24岁，重度抑郁。)“从高中开始想自杀。那是同学的哥哥，通过同学认识的，找我出去玩，那时不知道什么，反正是同学的哥哥，没什么戒备，虽然不是很了解他。当时是和他以及他的一个朋友，男的，一起出去吃饭，是那种喝茶的店，在里面坐了一下，聊天。事情发生时他和我在一个小包房，我是被迫的，当时我不知道那是什么，现在知道了。当时觉得这个对女孩子很重要，如果发生了，就应该和那个男的结婚，与他在一起更多的是依赖，不是愉悦，我觉得我没有性欲。在一起大半年，后来发现他和别的女人在一起，一个人找两个朋友的那种，我也没问，现在觉得自己很傻。

我错在太信任别人，那时很小，对这方面一点都不了解，只知道发生了事，想问别人，又不敢，觉得丢脸。现在总是自责，当时如果拒绝就好了，当时如果知道就好了。

后来长大了，认识了男友，在一起有性关系，2个月前才发现他有老婆了，前几天他跟我说心情不好过一段再联系，但之前还说要跟我结婚，一夜之间就变了，可我还是期待他跟我联系，有时候想要不要拿一瓶药给他喝，或者我自己喝，主要是想吓吓他，目的在于让他内疚。”

【来访者自述】

（男，27岁，某重点大学毕业，某公司员工，写一手很漂亮的钢笔字。单亲家庭，SCL90测试结果中度抑郁。）“父亲在我16岁时因病去世。姐姐考上大学，没钱读书，去打工挣钱供我读书。我们家那里是国家级贫困县，上大学全靠贷款，包括生活费。很忌讳谈家里的情况，不想要别人的同情，很在乎这点，如果别人不知道，我就可以在这点上掩饰过去，否则……

自我认同低，做什么都感觉不对。需要别人特别关注，并不一定是表扬，有时只需要理解、倾听，不一定需要提供方法，因为主观不那么容易改变。感觉自己是无价值的那种。家里算命说我做事有头无尾，我做事其实就想有头有尾，但回头想好像很多事确实是有头无尾。在家里没得到认同，在同学那里也没得到认同，在同事那里也没得到什么积极的评价，没什么得意的事，即使自己好不容易得意时，也会挑自己毛病，‘就这么一点小事，得意什么呀’，自己批评自己。

我需要的是别人的哪怕一点点支持，而不是一票否决。读大学时找同学借过钱，你不知道借钱的人心理负担有多重，我们这一类人更自省、更自责，说话没底气，这公平吗？所谓的恶霸定律。对钱特别敏感，最怕用度超过了我们家的承受力，提到钱就烦。

每次尝试，一旦受挫，就会产生条件反射，后来就害怕去尝试，成功和不成功的预期同样大。读大学时去做家教被骗了钱，虽然不多，但姐姐一说我就让我自尊很受打击。和寝室同学关系不好，现在住寝室都有点怕怕的感觉，想来自己不懂沟通和交流，会积怨，爆发对象又不正确。高中想全面发展，高一竞选班长未果特受打击。也反感同学，包括他们的同情。自己的情绪从高中开始一直在往下。

有段时间感觉特别压抑，脑袋里会有轻生、自残的想法，想和人聊聊。我肯定不会想死，只是会不自禁地想，因为可以解脱，感觉世界只有我一个人，被世界抛弃。”

经过研究，心理学家发现了若干种容易给人带来巨大压力的生活事件，如工作不顺利，子女管教困难，升学、就业、婚恋受挫，患病、手术、外伤、流产，工作获得突出成绩，生活的改变如结婚、搬家，发表著作，子女离家或远别，与领导关系不好，受人歧视、攻击、蒙受冤屈等。

值得注意的是，给人带来压力的生活事件并不一定都是负面的。工作取得成绩、晋升、结婚生子等“好事”，也会给人带来压力。

生活事件并不直接引起抑郁，除了事件本身的性质之外，人们对自身的认识、调节起到了关键的作用。合理的应对方式不仅有利于解决问题，还能有效避免疾病的产生，学习去采用合理的应对方式反映了一个人适应生活的能力的提高。

从精神医学来说，情绪波动与环境因素有关。一个素质正常的人在遭到突然、强烈的精神刺激，如亲人死亡、家庭剧变、失业或意外事故时，也会产生抑郁情绪，这种抑郁属于正常的情绪反应。一般来说，这种抑郁反应不会持续太长时间。要注意的是，这种抑郁反应也是需要处理的。若抑郁反应持续时间过长就要引起注意，最好到心理咨询门诊看医生。

第三章

抑郁的思想

当你悲伤或抑郁时，当你难过得要发疯时，当你感到忧虑或受惊吓时，当你觉得内疚或羞时……请思考一下：你正在经历什么事？你正在想什么？

如果你曾经抑郁过，你会发现，抑郁影响了我们的感知、思维，影响了我们看待人、事物、世界的方式。我们无法集中精力去做任何事情，记忆力变差，回忆的多半是抑郁、令人不快的事情，对任何事情都感到沉重。

具有抑郁特点的认知，即有着特定的“想法”和“认为”是抑郁者的一大特征。主要体现在无端地自罪、自责，夸大自己的缺点，忽略自己的优点，表现为一种认知上的不合逻辑性和不切实际性。抑郁者对自己的评价是抑郁的。这种抑郁的思维，给抑郁者眼中的自己和自己的未来蒙上了一层厚厚的灰色。一旦有挫折发生，抑郁者就会把全部责任归咎于自己，甚至极端到相信他们“应该”为世上的不公正和不平等现象负责，“应该”为自己的“罪恶”受到惩罚。

每个人都会同时拥有理性的合理思维和无理性的不合理思维，任何人都不可避免地具有或多或少的不合理思维与信念。人的思维方式主要分为两种类型，即利导思维和弊导思维。利导思维者，凡事积极乐观，从有利方面去处置，这属于合理思维。与之相反的是弊导思维，属于不合理思维。越来越多的事例表明，人的精神活动和心理状态是良性或是恶性，全由思维方式决定。

全或无的思维方式是抑郁者典型的思想运作模式，属于弊导思维，因此产生各种具有抑郁特征的“想法”或“认为”。这种思维方式是认知歪曲的一种形式，即以绝对化的思考方式对事物作出判断或评价，要么全对，要么全错。以这种思维方式思考的人往往把生活看做是非黑即白的单色世界，认为不可能存在中间的状态——要么是个完全的成功者，要么是个彻底的失败者；要么是好的，要么是坏的。

抑郁影响着我们的思维方式，它影响我们对自己、对未来乃至对整个世界的看法。抑郁本身会降低我们的挫折耐受力，并将我们推向全或无的思维状态。几乎没有什么人在抑郁的时候自我感觉良好，他们通常都会将自己视为没有长处、满身缺点、毫无价值的人。如果你问及抑郁者对未来的看法，他们通常会这样回答：“我的未来是一片黑暗。”确实，对正抑郁着的人而言，未来是一片黑暗，充满失败的。

全或无的思维方式也会导致抑郁的发展，当我们用全或无的思维方式思考时，我们会更加抑郁，我们的“想法”和“认为”能使我们沿着螺旋形轨道下滑到抑郁的漩涡中去，从而导致抑郁的恶性循环的出现，因为当我们抑郁的时候，我们有较多的抑郁想法，而一旦有了抑郁想法，我们就会变得更加抑郁。

以下是全或无的思维方式产出的典型“想法”或“认为”：

我的努力结果如果没有成功，就是惨败。

我(他人)或我和他人的关系要么非常好，要么非常坏。

我(他人)的想法或做法要么对，要么就是错。

如果我不完美(或有没做好之处)，我就是个失败者。

如果别人不赞同我，那就是在反对我。

如果事情没有按我所计划和期望的那样很好地发展，就是惨败。

如果他人不是经常向我表达爱意(好感)，就是根本不爱我(不喜欢我)。

但反过来说，当我们采用合理的思维方式时，就会产生积极观念，就能接受抑郁并积极寻找幸福。认识全或无的思维，避免对自己进行好与坏、成功与失败的极端判断，对于调节抑郁非常重要。

我们再做一个这样的小测试：写下你最喜欢的三个人的名字。请一定记住，不是羡慕嫉妒恨，是真正的喜欢，从内心深处的喜爱。写完之后挑出这三个人的毛病，至少三条。

相信大家一定能完成这道题，当你完成时，你会发现，哦，原来我真正喜欢的人都是有毛病的人，而且我甚至会喜欢他(她)的毛病。

在这个世界上，每个人都有问题，有问题不可怕，这就是我们的本质。我们是人，是人就有局限，就有问题，就不完美。我不完美，你不完美，他不完美，不过这没关系，真的没关系，我们可以不完美，但是我们可以是完整的。人性有善的一面，也有恶的一面，黑暗总是伴随着光明，善良总是伴随着邪恶，关键是：我们是否带着黑暗选择光明？我们能否带着邪恶选择善良？

下面，我们试着对号入座一下，看看自己不经意间存在哪些具有抑郁特征的想法。

第一节　“我是不好的”

【来访者自述】

（男，27岁，某重点大学毕业。）“……没有安全感，天天活得很自卑。觉得自己是个不良个体，要被社会淘汰……”

【来访者自述】

（女，13岁，初一学生。）“觉得自己声音很难听，别的女生都很好听，录过自己的声音，是很粗的那种……前途好黑暗啦……”

【来访者自述】

“我是一个失败的人。高中是竞赛班的，当时保送清华没保成，老师让我保送其他的学校，我没去，选择了高考，但高考时理综出了很大的问题，平时一般都能有280，结果高考时掉到200，实际上只要有250我就可以上北大了。最近一次想自杀是去年，当时托福分出来只有90分，而我应该考100以上的，要重考，因为我要出国，要去美国，要去好学校必须要过那个线，我要去最好的学校……至于那些学校能给我带来什么都是很模糊的……”

【来访者自述】

“……最近较乱，本来是准备考研的，但同学们又说我是不是有可能保研，最近总排名出来了，外推的名额落到了我头上，要操作一个月左右，同学们都觉得我可以试一下，可我连要不要考研都开始怀疑，觉得自己不太适合学习，什么都学不好（开始哭泣）……”

如果一件事没做到预期的那样好，抑郁者便认为任何事情都不对头。失败感不断增多，不断泛化，直到后来，认为自己做的任何事情都是失败的。一旦出现这种情况，抑郁者就会将挫折和失败看做是永无止境的，做什么都没有用，认为事情总是这样的。

例如来访者认为“保送清华”是预期的好，没成功，所以是不对的，甚至不愿意被保送其他学校，因为只有“保送清华”才算是好的、对的、成功的。最后选择高考，想靠实力证明自己能上国内最好的学校——清华、北大，结果是“失败”的。之后在出国时“一定要去美国最好的学校”，这样才能证明自己是好的，结果又“失败”了。该来访者的说法属于过分概括化。这是一种以偏概全、以一概十的不合理思维方式的表现。过分概括化是不合逻辑的，就好像以一本书的封面来判定其内容的好坏一样，该来访者以是否能上“最好”的学校来给自己做成功或失败的评价。

过分概括化的一个方面是对其自身的不合理的评价。如当面对失败就是极坏的结果时，往往会认为自己“一无是处”、“一钱不值”、是“废物”等。以自己做的某一件事或某几件事的结果来整体评价自己，质疑自己作为人的价值，其结果常常会导致自责自罪、自卑自弃的心理及抑郁的产生。过分概括化的另一个方面是对他人的不合理评价，即别人稍有差错就认为他很坏、一无是处等。这会导致一味地责备他人，以致产生敌意和愤怒等情绪。

许多人都会在某些时候感觉自己没用、无能。当我们对自己的行为失望，或做某事失败、被他人批评时，这些感觉就会出现。可能曾经我们的父母、老师、手足以及同伴会给我们贴上各种各样的标签，有时甚至是伤害性的。他们可能说我们是废物、坏东西，或是不可爱和愚蠢，过分保护的父母会让我们觉得无法独立决策，无法独自应付。久而久之，我们对自己有了各种各样的看法，也就是说，我们开始给自己贴标签，用这种方式描述自己。

人是很复杂的，具有许多不同的品质。抑郁的时候，潜在自我的丰富性、多样性以及活力都枯竭了，我们开始用极简单的字眼来描述自己。比如被所爱的人抛弃后，你给自己贴上“不可爱”的标签；或者，你可能在某项重要的任务上失败了，便给自己贴上“失败”的标签。

自我标签，即看待自己的方式，能够影响我们对许多问题的感知。抑郁者的自我标签本质上是一种自我否定和自我谩骂。抑郁时，我们定义的如软弱、无能、没有价值等自我标签似乎概括了我们的实质。以下是抑郁者用于描述自己的典型词汇：坏、无能、局外人、不可爱、空虚、无用、失败、弱者、藐小、受害者、可厌、软弱、无望、废物、没有吸引力、无价值，等等。这些标签不仅表达了我们对自己的敌意，而且在抑郁中扮演着重要的角色。

第二节　“我/他(们)/事情应该……”

【来访者自述】

“对生活中的很多事情都想偏了，有厌恶、憎恨社会的很多阴暗面。小时候接触的都是社会底层的人，所以认为自己很高，结果现在发现自己仍然是一个普通人，既不是天才，也不是层次很高的人，这样想就特别痛苦。”

【来访者自述】

“为什么我不能像毛泽东那样？青年应该有自己的理想，虽然有那么多人在那儿沉沦，但我不应该那样。首先要有理想，不能混日子，把工作作为理想这样不好吧。我的理想太难了，就想把社会上不平等的东西、抑郁的东西一扫而空，不需要梁启超这样的人喊口号，需要出几个实干家。毛泽东说枪杆子里出政权，只有自己当上了领导才能纠正航向，不管结果，我要尽力而为，打好基础，一步步往上走。”

【来访者自述】

（女，25岁。）“……所谓投入，应该就是能做好自己能做的事，投入很多精力，应该专心不在乎时间，像心里有泉水流出那样……”

【来访者自述】

“我是家里老大，老大就应该有老大的样子，所以从来就很迁就人，可是慢慢变得很敏感，总是怕别人说我坏话什么的，对我有点小排斥我就会哭，会很留意别人的话，现在上大学后一回到寝室就会很难受，总觉得我在室友的圈子以外，总有些别扭。”

【来访者自述】

“上班的环境就应该是其乐融融的，可感觉现在公司每个人都在针对我，老板看我不顺眼，同事不喜欢我，我一天都呆不下去了，每天都不想去上班，每天上班都是在熬日子。”

我们真正的想法是什么？我们想做一个什么样的人？

经常听到很多“应该语句”，如：“我应该好好学习！”“难道我的孩子不应该听家长的话吗？”“事情不是应该这样发展吗？”等等。现代人给了自己很多诸如此类“应该”的界限，好像“应该这样”才算是个“好人”，突出了“好”，而忽略了“人”。人性是复杂的，很多时候我们都无法做“应该”的“人”，从而产生了诸多的内心冲突，这也是抑郁的根源。

真实状况是，我们每个人都不是生产流水线产出的机器人，不完美，无法那么精细到每个“应该”都做到，人可以选择，虽然矛盾，内心冲突，但要做出选择，带着矛盾选择。允许自己做不那么应该的事情，产生不那么应该的想法，给自己设一个很呆板的界限的结果是在想象当中、在还没有做出选择时就否定自己。人们常与我们持不同观点，因此，假设他人与自己的观点“应该”一致是没有好处的。我们每个人都有自己的生活经历、人格特点，我们的人生观、价值观各不相同，这种差异既是我们产生冲突的源泉，同时也是我们成长的契机，正因为我们如此不同，人类才如此丰富多彩。

动物仅凭本能生活，而人可以观察、模仿和思考，从而可以发挥潜力并选择做什么样的人，一旦在生活中把“应该”的自我形象归结为自我能力的问题时，当某方面的能力不足时，自我形象就垮掉了，就“坏了”。

如果我们对失败抱有“应该”或“必须”的观念，就会产生失望感。我们认为事情、自己或他人“应该这样或不应该那样”。问题是，生活总是按既定的模式展开，不会为我们的意志所左右。一些人认为，我们不应该面临死亡的结局。他们不愿接受死亡的现实，大发脾气，认为“生活不应该是这个样子的”。有时，我们专横的“应该”阻止了我们接受现实，从而无法处理好情绪问题，更无法寻找解决问题的最佳办法。

有时，我们的对错判断实际上是强烈的“应该”意识。例如“我应该更加努力的工作才是对的”，“我不应该犯错误，因为犯错误是不对的”，“我不应该生气，生气是不对的”，“我应该爱我的父母，因为爱父母才是对的”，等等。当我们没有满足这些“应该”的要求时，我们就“大错特错”了，因此就会感到失望。“应该”常包含愤怒的成分，它迫使我们改变自己。当我们以专横的“应该”要求自己时，我们不可避免地会掉进自我攻击的陷阱。我们不愿意接受自己的极限、面对自己的失败，我们避免面对自己的真实感受。

当我们用“应该”要求别人时，别人一旦令我们失望，我们就会对他们产生愤怒的情绪。我们不接受事实，而是认为“他们应该这样”或“他们应该那样”。强硬的“应该”降低了我们的挫折耐受性，正如我们看到的和体会到的，“应该”会导致失望，继而造成严重的问题。

抑郁的时候，我们对他人的反对意见愈加敏感，会出现主观猜测现象，认为别人或许在欺骗自己。这种情况下，我们会将任何有关不赞同的线索，都看做是厌弃和羞辱的证据，这些都属于自我否定。如果有人从你身边匆匆而过，似乎不想与你讲话，如果你正处于抑郁中，你或许会猜测“他不喜欢我，他正试图躲避我”，而不是“他今天看起来很匆忙”。

第三节 “我不是最好的，我失败了”

【来访者自述】

（女，26 岁，某重点高校毕业，SCL-90、抑郁自评量表测评结果为中度抑郁。）“和父母关系不错，家里经济情况不错，属于那种衣食无忧的，父母对我要求不高，但我对自己的要求特别高。”

【来访者自述】

“想变得更强一些，想学习政治学、数学、计算机编程等方面的知识。对什么都感兴趣，什么都想要。每看到一个人有什么长处都会想为什么他这么做……前几天碰到一个人，他说我已经很好了，我会冒出来“原来他还没我好呢”的想法，很容易对别人产生‘望尘莫及’和‘原来很低’的极端感觉，从来没有‘我做得不赖，他做得也很好’的想法。喜欢做一些没人做过的事，因为那是在创造；不喜欢做别人做过的事，因为如果步别人后尘，就意味着在创造性方面比别人差。而作为开创者，面对的竞争更少，虽然我随时准备竞争，但就是有‘为什么我比不过他呢，为什么我不是第一’的想法，不为什么，就是想赢。”

【来访者自述】

“现在对自己不满的是做不了自己想做的，或者做出来的事不能让自己满意。好像要和别人比能让我觉得我很好。”

【来访者自述】

“发现很多事都很喜欢跟别人比较，哪怕是一点点小事。例如考四级，别人说你好厉害呀，考了 590，我一听感觉是差一点点，因为班上去年有个 600 多的，其实根本不知道 590 是代表什么意思，后来知道这也算是很不错了。但又想，如果我更努力地复习，就可以比别人高了。”

【来访者自述】

“经理要一个产品的营销方案，我心里有一个方案，但没说出来，因为语言还没组织好，另外一个同事提出了一个方案，跟我的完全不同。一开始我认为他的方案很荒谬，是不可能实施的，但后来我想的却是为什么我没想到他那样的方案，会不会真的他的方案很有效呢？……我一直在比，比的究竟是什么我不知道，就是什么都比，哪怕是我不在意的东西，就纯粹的比，实际上又没为这个所谓的比付出什么行动……没有强，只有更强……什么是你好我也好？为什么我从没有这样的感觉？分数即便仅高出 0.5 分，我也会认为有更弱更强之分。”

【来访者自述】

“期望自己尽善尽美，而现在状态又不好，比方说自己喜欢英语，想说得超级棒，而语法等问题没解决掉；想达到一个很好的状态，期望自己更有成就感一些，可以把自己的人际关系、专业水平、业余爱好都做得更好一些，而现在什么都没做，一直都一团糟。”

每个人都有完美的期望，但也需要明了每个人都是不可能达到尽善尽美的。如果我们都按完美的人的标准来给自己打分，我们都是“残次品”了，所以按照这样的推论，来访者没达到这样的标准，当然是“一团糟”了。真的是一团糟吗？最后的这位来访者受过高等教育，为一公司白领，如果真是一团糟，那他现在拥有的是什么？

相信很多人都喜欢成为“第一”。说实话，“第一”太极端，注定只是少数人在少数机会下才有可能得到的，我们为什么总会极端地要求自己成为第一？满足是心底开出来的花朵，当满足之花盛开的时候，请留给它一个怒放的空间。生活中，很多人都渴求完美，但完美是一个几乎不可能达到的高度。在这个世界上，还有很多事情比第一更重要。

“错误”和“失败”是人生的一部分。真有什么“错误”或“失败”只能说明：第一，我们正在努力；第二，我们需要再努力。

追求完美的抑郁者在思考他们所做事情的时候容易绝对化，也经常以灾难性的方式思考问题，一件小事、一个小错误的后果往往被夸大到无以附加的程度，足以让他们感到大祸临头。当这种灾难性的预期模糊的时候，甚至更为可怕：“假如我做得不够好的话，我的生活将会陷入悲惨的境地。”“假如我这次考不好的话，高考就完了，这辈子就完了。”……除了这种悲惨的感觉之外，你或许认为自己够不上优秀，那么你看到的悲惨究竟是怎样的呢？事情到底变得有多坏呢？是什么事件才会导致最后的灾难呢？你或许很清楚：这件事情不会造成这么灾难性的后果，你显然在小题大做。

完美主义者往往有两个极端：一是如果我某一点不好，我就是不好的；二是如果我某一点好，我就应该比所有人都好。

抑郁者做了一个“完美”的假设：因为我做的事情的结果直接反映了我的能力，而我的能力水平决定了我作为一个人所具有的价值，即我的能力越强，我的自我价值感越高，所以我做的事情的结果反映了我的个人价值。翻译成一般用语是：我做得好(或是我做得比别人好)说明我很有能力，所以我好；我做得不好(或是我做得比别人差)，表示我没有能力，所以我不好。结论是：我做得是否好决定了我好还是坏。

长者问孩子：“如果世上的好人都是红色的，坏人都是黑色的，那你会是什么颜色的呢？”孩子歪着头仔细想了好长时间，然后答道：“我可以是花色的吗？”

我们每个人其实都是花色的，是复杂的多面体，既好又不好，这是我们的本性。人从来都不完美，但每个人都可以是完整的。

我们头脑中都有一个自我的幻象，这个幻象完美无缺，无所不能，可以掌控一切。这个幻象不仅让自己看上去是完美的，而且还把父母、朋友、恋人、夫妻以及一切关系和社会都看成是完美的。但是，现实是不完美的。而当我们在生活中遇到挫折或困难时，真实的自我与头脑中的幻象就会产生巨大的落差，这个落差使我们感觉不再完整，所以，追求完美是抑郁的根源。

越是追求完美，就越是砍掉了自己的一部分，变得不再完整，支离破碎，因此产生痛苦。人不是神或佛，人只能做人能做的事，人的能力是有限的，一个人只有认识到自己的局限，才能成为真正的人，一个纯粹的人，一个强大的人，一个有幸福感的人。承认不完美，承认人能力的有限，才会对他人的不完美产生同理心、同情心，才会有爱。

所谓的优缺点是我们按一定的标准强行对人本性的划分，而真实的人都是充满了矛盾的。对所谓“缺点”的坦然，是理解和接受自己是“人”而不是“神”或“圣人”的事实的开始。发现自我和承认自我的不完美是获得幸福的基础。每个人都有完美的期望，但其实都明白自己是不可能达到尽善尽美的，我们实际上希望的是自己能够越来越好，可这个“好”实在没办法定下标准，所以我们经常忽略了我们付出的努力和已经得到的成就。如同“半杯水”的故事，一个杯子里有一半的水，不仅要看到“只有半杯水”，也要看到“还有半杯水”。“只有半杯水”是我们不断超越自己的空间，“还有半杯水”是我们已经得到的超越自己的成就。

第四节 “我今天又不快乐了”

【来访者自述】

（男，20岁，SCL-90参考诊断为轻度抑郁症状。）“这段时间，特别是吃饭的时候会突然伤心，就是心酸，欲哭无泪，平常也会，不定时的。”

【来访者自述】

（女，中度抑郁。）“状态特别差，不愿和别人交流，情绪蛮低落，影响工作和生活。这一次是从9月份开始，以前也有。第一次是在高二开学时，那几天特别严重，刚进大学时也是……”

抑郁是常见的。抑郁的发生可以是急性的（例如几天或几周内），也可能是渐进性的（历时几个月或几年）。它可以出现在人生各个时期，但是青春晚期、成年早期和晚年是抑郁发生的敏感期。有的抑郁者在几个星期或几个月内症状完全消失，而有些可能持续几年的时间。一般认为，“慢性抑郁”要持续两年以上，它在所有抑郁中占10%~20%。

新近有研究表明：21世纪，抑郁症的发病率呈缓慢上升趋势，个中原因尚不明了。社会经济条件的变化、家庭破裂、年轻人（特别是失业者）的无望感、对自己期望值的升高等，都可能是导致这一现象的原因。

抑郁是轻微、中度还是重度因个体差异而不同。显然，一些抑郁比另一些更为严重，更具破坏性。许多抑郁者带着症状生活，直至症状自行消失。而另一些更为严重的抑郁者，其症状很难自行消失，进行专业治疗是非常必要的。不同的抑郁者在发生、严重度、历时时间以及发生频率上有明显差别。

有些抑郁的发生只是一次性的，而另外一些则是反复出现的。抑郁的复发性是值得重视的，但并不令人感到奇怪。试想，如果你在年轻的时候觉得自卑、无价值，而在成长中没有得到调节终会有一天这种自卑感会完全战胜你，使你觉得自己是个生活的失败者。尽管药物能帮你缓解症状，但潜在的失败感、自卑感仍是存在的。药物不能使我们变得成熟，也不能使我们摆脱潜在的错误观念。

第五节 “事情变成我想要的样子就好了”

【来访者自述】

“每天晚上都在期待第二天我的状态能变得好一些，如果成功则心情好一些，不成功则不好……有时躺在床上睡不着，也做不了事，只是在想，要是这个事情明天早上我醒来就变成了我想要的样子就好了。”

自尊丧失和无望感是抑郁最为典型的特点，也是影响我们生活质量最严重的方面。在某种程度上，我们都需要对未来有所预测。我们需要对生活中面临的威胁、机遇以及前进道路上的障碍有所把握，以便决定我们是否为之付出努力。我们为达到目标付出多少努力，很大程度上取决于我们对未来乐观或悲观的态度。然而，问题是当我们陷入抑郁的时候，我们的大脑常做出这样的结论：“做什么都没有用”，并一再暗示我们“世道艰难”。抑郁告诉你：“投入的努力再大，也得不到回报，还是收手等待好的时机吧。”因此，要摆脱抑郁既要培养耐心，又要养成这样的思考习惯，即“我对未来过于悲观了”。

强烈的自尊丧失感和无望感，会诱使我们从某种角度思考问题，尽管我们知道自己是非理性的。问题在于，我们并没有努力用自己的理智战胜情感。在情绪的强大作用下，我们常常会认为“我感觉是这样，我的感觉一定是正确的”。过分一点说，感觉其实是最不可靠的。

自尊丧失感和无望感是环境造成的，这并不意味着做什么都没有用。我们可以将大的问题分解成小的问题，逐步达到目标。认为做什么都徒劳无益；或认为事情太难，谁也帮不上忙，会使我们放弃努力，而恰恰是放弃努力导致我们“什么都干不成”，从而变得更加抑郁。有时，成功的关键在于，尽管前景看起来不容乐观，但我们仍不放弃努力。你可以这样来质疑自己：“我做的一切真的都是白费力气吗？”“下这样的结论时我是否有足够的证据？”“这是否是我的主观感觉？”

克服被动抑郁的诀窍是：从那些“可以做”的事情开始努力。

我们都需要控制权，需要学会在任何状况下都能找到我们可控制的事物。

兰格(Ellen Langer)和罗丁(Judy Robin)在养老院研究改变老人对自己生活的控制是否会影响他们的生活。

他们将老人分组，第一组老人对自己的生活有一些额外的控制权和额外的选择权。如：“你们可以自己决定，早饭可以选择荷包蛋或炒蛋，不过要在前一天晚上选好。周三或周四会放映电影，也要事先登记。选自己喜欢的植物放在自己房间，不过要自己浇水。”第二组的老人则没有选择权，只是告知他们的福利，“早饭周一、三、五是荷包蛋，周二、四、六是炒蛋。周三住左边房间的人看电影，周四住右边房间的人看电影。护士会把植物放在房间。”

其实所有老人得到的福利一模一样，只是第一组的老人有一些自己的控制权，而第二组的老人没有。18个月后，兰格和罗丁再次回到养老院，他们发现有部分控制权的老人比较有幸福感、比较活泼。

事情不可能自己变好，如果把希望寄托于让事情自己变好，那么难免会失望，从而产生挫败感。其实，我们不妨转换一个角度，把注意力放在可以自我选择和控制的事情上，那么自然而然便会产生愉悦的情绪。

第四章

抑郁的情绪

具有抑郁特征的想法或认为会产生相应的具有抑郁特征的情绪。当我们用抑郁的思想诠释人、事件、环境时，会产生悲伤、愤怒、愧疚、焦虑和恐惧等抑郁情绪，并伴随着一定的生理反应，这些生理反应导致情绪被我们的身体记住的可能性更高，因为它比思想的记忆来得更牢固、更直接。这些情绪来得太快太直接太猛，以至于有时我们会以为自己没有思考的阶段而只感受到了情绪。

第一节 悲 伤

【来访者自述】

“会哭，经常哭，小时候是因为父母没关心我就躲起来哭，他们也没发现，就更伤心了。现在有时为家庭方面哭，如妹妹不能上学了；有时为自己，觉得自己太没用了。”

【来访者自述】

“每天都哭好几回，不知怎么跟父母讲，后来发展成父亲都不怎么管我了，我爱怎么着就怎么着。”

健康的悲伤与我们讨论的抑郁是不一样的。例如，如果一个我们爱的人去世了，那么我们会感到悲痛，这是健康而正常的。我们的悲伤正是爱的表现，这种情绪在一段时间后会自然消失，而抑郁则不然，在抑郁的悲伤中更多的成分是自怜，而其相对应的是自尊。

健康悲伤的特征	抑郁悲伤的特征
悲伤但并没有失去自尊的感觉	感觉没有了自尊
抑郁情绪是对令人沮丧事件的恰当反映	情绪很大程度上并非由导致坏心情的事件引起
情绪在一段时期后会逐渐消失	情绪会持续下去
尽管悲伤，但对未来并不感到沮丧	感觉丧气，并坚信情况不可能会有好的转机
继续充满活力地生活	放弃生活，并对朋友和工作失去兴趣
负性想法是现实的	负性想法被夸大和歪曲，尽管它们看起来是合理的

严格说来，自尊其实就是一种信任自己、对自己抱有积极信心的态度。良好的自尊可以带给人好的东西，而缺乏自尊则会使人痛失很多本可以属于自己的东西。

自尊是一种自我价值评判，不取决于你所做的事情和取得的成就。我们可以借助于以下的自尊测试来看看我们的自尊水平。

自尊水平测试

【说明】

对于以下的说法做自我评分。非常同意(2 分)，同意(1 分)，完全不同意(0 分)。

A 部分：针对自尊

1. 你是否认为自己具有许多独特品质？

2. 你是否喜欢、热爱并且关爱自己？

3. 你是否觉得自己独处时的时光最美好？

4. 你会把对自己的欣赏告诉别人吗？

5. 你是否珍惜自己获得的一切，并且承认自己也有不擅长的事情(心平气和地承认，而不会恼羞成怒)？

6. 你是否欣赏自己克服困难的方式？

7. 你是否认真听取别人对你的评价？重视，但不盲从？

8. 当别人挑剔你为难你的时候，你能否保持冷静和清醒？

9. 你是否能很好地照顾自己？

10. 你是否能坦然接受别人对你的夸奖？

B 部分：针对自我价值

11. 你是否认为，为了让别人喜欢你，有必要同他们的行为保持一致？

12. 为了维持和朋友的友谊，你是否觉得应该比他们更加慷慨？

13. 为了维持某段关系，你是否会委屈自己做些不愿意做的事？

14. 你是否在外表着装上投入很多时间和精力？如果离开那些东西，你是否就不会被别人所接受？

15. 你是否发现拒绝别人很难？

16. 面对别人的批评，你是否会委屈地默默接受？

17. 有没有过觉得自己一无是处的时候？要是别人知道了你的过去，你就担心他们再不会喜欢自己？

18. 你是否讨厌独自一人？

19. 尽管知道有些事不好，但你总控制不住去做？

20. 你是否会像祥林嫂那样喋喋不休地自曝其短，从而让其他人容易对你产生负面印象？

【结论】

A 部分

16~20 分：你具有非同一般的自尊，但要记住，只有少部分人具有这么高的自尊，别人可能不会像你这样自信，所以在人际交往时注意隐藏你的“傲慢和自负”。

11~15 分：你具有良好的自尊，比较满意目前的自我。情绪上偶尔会有波动，但这是一个正常人的特点。遇到事情你知道该怎么应付，也不会轻易为别人对你的负面评价所动摇。

6~10 分：你在努力培养自己的自尊，而且你很清楚，生活中一些困难的经历可能对你产生不利的影响。你需要再多些工作来增强自己的信心和自我价值感。

0~5 分：缺乏自尊说的就是你这样的人。这背后肯定是有原因的，但无论如何，这种状态持续下去会对你的身心健康有不利的影响。缺乏自信会导致恶性循环，缺乏自信，遇事人就退缩不前，从而失去培养自信心的机会。

B 部分

11~20 分：你对自己的价值评定真的很低，有时候难免会觉得生活艰难。面对批评和负面评价很敏感，有时会很容易受到别人的控制和影响。当需要去冒险改进时，没有足够的信心。

1~10 分：你对自己的自我评价还是有些低，这可能是受你在生活里某个领域的影响，或是源自你的某种性格。你可以用一些技巧来弥补创伤，尝试着让别人来帮助你。如果他们拒绝提供帮助，那就要告诉自己，实际上你并不像自己想象的那样需要他们。

第二节　愤　　怒

【来访者自述】

“我很容易生气，对自己生气，为什么我就是做不到应该很容易就做到的事，为什么我身上总有这么多意外的事件发生，为什么我这么倒霉？”

【来访者自述】

“老爸有点固执，认为我夸大其词，但他自己没有经历过。父母老吵架，而且总是打击我，说别人家孩子这好那好。爸爸觉得我休学回家是给他丢脸，不让我说休学的原因。生活一直都很不如意，总是想怪父母，埋怨父母。”

【来访者自述】

“恨我爸爸，很恨很恨的那种，从来不主动和他说话，我能不恨他吗，他那样打我，拳打脚踢，真的是，当时我都恨不得杀了他。他从来都不知道我想什么，却自以为他知道，他从来都只会说我错了，好像我就没对过，可他自己就都对吗？当时我才多大，才13岁呀。”

强烈的愤怒情绪在抑郁状态下是司空见惯的。如果你是抑郁者，却感觉不到愤怒，那不是没有愤怒，而是你的愤怒还被压抑着。弗洛伊德认为，压抑的愤怒会导致抑郁，抑郁是愤怒内化的结果。有些抑郁者在被确诊为抑郁症后反而脾气会变坏，他们比以前更容易发怒，那是因为内化的愤怒喷发的结果。但是不管怎样，弗洛伊德使我们注意到：愤怒和失败会指向自身，并且人们害怕自己会发怒，害怕发怒会让我们压抑着自己的愤怒，而正是这种压抑导致了抑郁的产生。

愤怒经常与挫折感、阻力、威胁、被忽视、被苛责相关联，从进化的角度来看，愤怒使我们有更多的精力来克服阻力、达到目标，还可以使我们在冲突的情境中，更有力量进行战斗。因此，愤怒是一种自然反应。愤怒还可以成为威胁他人的武器，迫使他人就范。各种形式的报复正表现了愤怒的功用。当然，我们不发怒也一样可以解决问题。同样，我们也可以不通过愤怒来强迫甚至威胁他人。但是在抑郁状态下，逼迫他人时常常包含着愤怒。

愤怒情绪其实包含无能为力的感觉，即我们感到自己对所愤怒的事物无能为力。而压抑这种愤怒则可能是因为我们觉得做什么都将于事无补；也可能是因为认为愤怒不大好，会令我们变得不再可爱；抑或是认为我们没有资格发怒。当体验到这样的感觉时，我们会感到自己凡事都顺服于他人，认为别人远比自己有力量。尽管抑郁的行为反应能够强有力地影响他人，但抑郁的人很少认为自己是强有力的。

愤怒依赖于某种观念。如果某人无意中伤害了你，你的愤怒程度远比他人故意伤害你时小得多。问题是，即使他人没有故意伤害你，你仍会体验到被人故意伤害的感觉。例如，当亲人撒手而去的时候，我们显然知道他不是故意死亡的，但我们仍会无比愤怒："他怎么可以舍我而去呢?"事实上，悲伤中的愤怒是常见的。有时，这种愤怒会指向他人，例如，我们向救治的医生发怒。

与挫折感类似，我们既可能对外界(例如他人)发怒，也可能向自己发怒(内部折磨者)。换句话说，面对困难，我们可能会自责，也可能责备他人。表达愤怒的方式也是如此，有时它是向外的(指向他人)，有时它是内向的(指向自身)。当我们感到自己正在发怒时，我们指向自己的愤怒会愈发强烈。

是什么引发了愤怒?

愤怒常见的导火索是：我们感知到，我们所珍视的东西正受到某种形式的威胁、破坏或阻碍，包括我们的自尊心、我们的所有物、我们的计划和目标、我们的生活方式，等等。

愤怒最重要的来源是充满威胁的情境，通常我们认为他人以某种方式侵犯了我们，但并不是所有的愤怒都与被侵犯有关。这些威胁经常与被破坏感、被伤害感相联系，它可以各种形式出现：

- 与挫折有关的

挫折引发的愤怒，常产生于事不遂愿之时。例如，早晨汽车发动不了，其直接影响是我们不能按时上班。应激与抑郁能够降低我们的挫折耐受性，使我们易于发怒。在应激状态下，我们通常更容易对阻碍我们的事物发怒。另外，一些想法也会影响我们的挫折耐受性，例如，“这事不应该发生在我身上”，“这将严重干扰或阻碍我的计划”。

- 与伤害有关的

当他人威胁我们，或以某种方式伤害我们的时候，我们会感到愤怒。如果我们认为这种伤害是有意的，或是由对方粗心大意造成的，那么我们的愤怒将大于我们认为是无意或是不可避免的情况。我们的愤怒常表现为报复。报复行为是用口头或身体的方式伤害他人。

- 被利用

愤怒最常见的主题是发现自己被利用。我们认为他人占了我们的便宜，利用我们或想当然地对待我们。正如我们所知道的，大多数人都希望自己被人欣赏，希望拥有平等的人际关系，如亲子关系、朋友关系、恋人关系。任何被利用、被人捡便宜的感觉都会导致愤怒的结果。

- 缺乏关注

如果他人没有给我们足够的关注，也会引发我们的愤怒。例如妻子向丈夫展示她的新衣，询问其意见，丈夫回应还好，可以，眼睛却不看妻子，妻子会生气，而丈夫却不一定知道妻子在气什么。

一般在这种愤怒下，我们并不想伤害对方，只想做出某种表现（如大喊、尖叫）以使他人不再忽视我们。我们想协调这种关系，而不是破坏它。

- 嫉妒与吃醋

这种形式的愤怒，产生在我们认为他人在某方面比自己得到更多的时候。嫉妒，是因为我们想获得他人拥有的东西，比如物质财富、社会地位、人缘、智力等。吃醋，是因为我们认为所珍爱的人更喜欢与别人在一起。例如，一个已婚女人对另一个男人产生了兴趣，她丈夫就会吃醋。这种吃醋型的愤怒(如果压抑的话)表现为对女人的威胁：告诫她如果欺骗他就会尝到严重的后果。如果伴侣将对方看做是自己的财产，很容易出现吃醋现象。

- 缺乏社会认同感

这种愤怒产生于别人未按照自己的要求做的时候。例如，父母对不听话的孩子发怒；一个宗教徒会对教会中不守教规的成员感到气愤；我们会对政府花纳税人钱的方式感到愤怒。这些愤怒背后潜在的观点是：他人应认同并遵守我认为很重要的行为规范。某种程度上说，如果我们以为他人的行为潜在地影响了我们的利益或生活方式，我们就会愤怒。

- 同情性愤怒

当我们看到他人受到伤害时，我们就会产生这种愤怒。例如，一位高中生的父亲对儿子动辄谩骂、殴打，而其母亲并不阻拦，其班主任得知后很愤怒。这种愤怒会激发我们对他人采取某些行为，如上述班主任指责其学生的父母并声明不允许再有类似事情发生。

以上这些情境有两点共同的地方：第一，事情未按我们的希望发展；第二，我们对愤怒的对象非常重视。如果它们的重要性降低，我们将不再那么容易发怒。例如，如果你认为你的配偶爱上他人，你将更容易摆脱婚姻关系，那么你就不可能吃醋。我们会发现，我们对某些方面过分在意，对某些情境所下的结论过于草率，或者过高地估计了潜在的伤害性。

第三节　空　　虚

【来访者自述】

(男，22岁。)“我在工作时，很有动力，不吃饭也不会觉得肚子饿，但晚上躺在床上时我不知道为什么会那么做。所有的情感我都经历过，除了快乐……”

【来访者自述】

“记得以前小时候玩的时候很开心，现在没有，做什么都好像隔了一层东西一样。”

【来访者自述】

“情绪特别不稳定，影响我的日常生活，沮丧，莫名其妙的心情不好。”

【来访者自述】

“一切都会被现在的情绪所左右，都会被蒙上灰色的色彩……”

【来访者自述】

“有时觉得整个人很空，像个小木偶，走在路上很飘……”

在一些抑郁个体中，空虚体验并非来自于抑郁事件，而是源于生活中缺乏积极事件，或者是抑郁者比他人更难发现积极事件和体验积极情绪。

要填充这种空虚，需做好如下思想准备：

- 准备去冒险，学着应付失败、失望以及被人抛弃。
- 认真分析，从某种程度上说，空虚感是不是避免了你对某些事物的恐惧感(例如失败、冒险等)。

- 认识到空虚感是一种情绪推理。例如“我感到空虚，因此我就是空虚的。”感觉并不能变成现实。

如果有偏好、愿望和需要，你就不可能是空虚的，或者说是像白开水一样的人。抑郁者很难陈述清楚个人的偏好，其实每个人都有自己的偏好、欲望、需要和愿望，你的偏好使你成为一个独特的个体。我们可以用下面的自我对话的方式来逐步理顺个人的偏好，记住每个问题都需要有具体的回答，“都可以”、“一般般”、“差不多”等无倾向性的回答都视为没有回答。

你喜欢看哪类电影？不愿意看哪类电影？你喜欢哪类音乐？对哪类音乐无动于衷？你爱吃哪些食物？哪种食物会令你厌恶？你已经有答案了是吗？可见你有自己的偏好！

你和哪些人待在一起最愉快？你爱穿哪些衣服？如果你仍说你没有偏好，那么你会不会穿橙红色上衣配完全不和谐的艳绿色长裤？

有空虚感的人需要唤醒内部的某些东西，这些东西好像正在睡觉。想象一下，如果这些东西醒来，你活跃起来，形成了自己的偏好，事情会怎么样？想到不仅要考虑自己的偏好，而且要从事它，你或许会感到焦虑，如果是这样，写下你的焦虑观念，并考虑一下：你的恐惧是否被你夸大了？你如何采取步骤战胜焦虑？

无论你的偏好是怎样的不突出，你的确有偏好。你不是完全空虚的，你的状况并不是全或无的。你或许会说：“但是，我身上没有吸引他人的地方。”如果你这样想，你的空虚感可能更近似于“孤独感”，抑或是自信方面的问题。

你是否将你的偏好告诉了他人？如果没有，原因何在？如果你向其他人说“我喜欢……你呢？”又会怎么样呢？如果你有这样的想法，“他们也许不喜欢，或者会认为我很愚蠢，太贪心”，那么你的问题就出在自信方面，而不是空虚的问题上。

第四节　孤　独

【来访者自述】

（男，重度抑郁。）“我很难得到别人的真感情，好像从没想过要得到什么真感情，对和人有关的东西都不抱多大希望，更注重物质上的享受，有钱的感情至少比没有好，精神上也是自己一个人的……”

【来访者自述】

“高三的一段时间处于很孤独的状态，老感觉别人是不是忽视自己了，感觉自己是一个岛，跟所有东西都是断开的。这个方面的不适应好像是从初二开始的，那时也有个别人跟我要好。常会出现这样一个场景，中午打了盒饭回寝室，聊天，我都是插不进话的，在旁边默默地吃。现在有时觉得和别人的关系会因某种原因断开，只要有第三个人，我就好像插不进去话，只会沉默，好像总要寻求别人的认可，很担心一些无谓的事情……”

孤独感是个体对自己社会交往数量的多少和质量好坏的感受，是一种个人体验。这种界定帮助我们理解为什么有些人虽然远离人群，生活却很快乐，而一些人尽管被人群包围却经历着孤独。

孤独感高的人可能更内向、焦虑，对拒绝反应更敏感，并且更容易成为抑郁者，而抑郁者在他人身上花费更少的时间，不经常约会，很少参加集会，没有什么亲密的朋友，导致孤独感更高，从而形成一个恶性循环而不能自拔。

孤独的抑郁者因为采用抑郁的交往方式，并缺乏必要的社交技能，所以难与他人建立亲密的友谊。与孤独的抑郁者交往常常让人感到不愉快，于是他们很难建立有助于发展社交技能的人际关系，从而难以摆脱孤独。

通过社交行为的自我训练，可以使孤独的抑郁者走出恶性循环的怪圈。

孤独感测试

【说明】

在下面的测试中，符合你实际情况的描述请打√，不符合的描述请打×。

1. 我认为自己与家庭成员的关系密切。
2. 我能够在我的爱人或配偶面前谈论我的问题和焦虑。
3. 我认为自己与我所生活的团体中其他人很不一样。
4. 我很少与我的家庭成员交往。
5. 我与我的家庭相处不太好。
6. 我现在拥有一份浪漫的爱情或婚姻，我们双方都为了和谐相处真诚地付出了努力。
7. 我与家庭中大多数成员保持着良好的关系。
8. 我觉得自己在需要帮助时不能向周围的朋友求援。
9. 我生活的团体中似乎没有一个人对我特别关心。
10. 我与朋友保持亲密的关系。
11. 我很少从恋人或配偶那里得到我所需要的感情保障。
12. 我觉得我在所居住的社区有“根”(一种归属感)。
13. 在我生活的城市，我的朋友不多。
14. 我没有在邻居需要帮助的时候去帮助他们。
15. 我从我的朋友那里得到了大量的帮助和支持。
16. 我的家里人很少真正注意听我说话。
17. 很少有朋友以我所期望的方式理解我。

18. 当我遇到麻烦时，我的恋人或配偶能够觉察到，并鼓励我把它说出来。

19. 我觉得我在目前的爱情或婚姻中受到了好的评价和尊重。

20. 我了解周围那些理解我并且与我观点和信念相一致的人。

【结论】

计算你的得分，按照以下标准每答对一题给一分，得分越高说明孤独感越强，并可以从各项得分中看到你的孤独感的来源关系。

友谊类：8. √　10. ×　13. √　15. ×　17. √

家庭关系类：1. ×　4. √　5. √　7. ×　16. √

与恋人、配偶的关系：2. ×　6. ×　11. √　18. ×　19. ×

与团体的关系：3. √　9. √　12. ×　14. √　20. ×

第五节　自责(责备他人)

【来访者自述】

(女，SCL-90 测试中度抑郁。)“我从小到大都是比较乖的，没做过叛逆的事。我自己现在的情况没跟父母讲，觉得说不出口，很难和他们讲，觉得特别对不起他们。今天见到父母就哭了，特别想哭……”

【来访者自述】

(女，26 岁，重度抑郁，某重点高校退学。)“父母都挺好，对我特别好，不想让我受罪，用他们的经验，当时也担心我的情况，成绩老搞不好，也担心我的生活状况，不希望我过得不快乐(哭)。感觉特别对不住他们，因为自己学不好，别的同学都拿奖学金让父母高兴，我什么都没有，特别没用，特别对不起他们。他们什么都给我，为我创造这么好的条件，我这么笨，这么愚蠢，觉得特别特别对不起他们。”

【来访者自述】

(女，研究生在读。)“我现在一事无成，觉得特别对不住爸爸妈妈，他们辛辛苦苦养了我这么大，我什么都给不了他们，还给他们带来这么多麻烦，每个月吃药的钱都得大几百。”

【来访者自述】

“我离婚了，我反反复复地想，我要不是这个性格就好了，他就不会去外面找女人了，别人肯定比我对他好……话说回来，都是那女人，自己离了婚在外面招蜂引蝶的……”

抑郁者的自责是彻头彻尾的，而当责备转向他人时同样是彻头彻尾的。

由于没有达到标准或完成理想，我们会感到失望和沮丧。我们不是接受自己的极限与弱项(即我们已经尽力，但事物仍未按我们的期望发展)，而是转向自我攻击，我们似乎不相信自己能够做出好的结果。我们责备自己没有把事情做好，这种对自我的失望是一个很大的问题。

让人感到矛盾的是：造成自责的原因之一是自责能够带来希望。例如，如果某件事是由我们的过错造成的，我们将来就有机会改变它。我们对事件的(潜在)控制感，使我们不必面临实际上的不可控制感。在抑郁状态下，提高对生活的控制感虽然很重要，但了解我们的极限，掌握哪些是我们不能做的，也同样十分重要。

自责的另一个原因是，自责比责备他人更舒服些。自责能够维持和平，防止我们与他人产生冲突。小时候，如果父母告诉我们，他们之所以打我们，是因为我们在某件事上表现得不好，那么我们就会学着接受他们的观点，不去争论。这种态度会沿袭到成年时期。在我们看来，他人似乎都没有过错，不应受到责备。自我责备是在家庭中习得的，当家里出现问题时，受到责备的常常是我们。因此，即使是受性虐待的儿童都学会了责备自己——这当然是荒唐可笑的。遗憾的是，善于责备他人的成年人，常挑选那些最无质疑能力的人做他们的责备对象。

有时，我们发现自己对某件事并非完全没有责任，但当讨论我们的责任时，过度关注自己的过错，就夸大了应承担的责任，从而感到自己一无是处。这种现象被称为“过分自我归因”，是指当我们没有过错，或仅有部分过错时，我们出现承担全部责任的倾向。然而，生活中的任何事情都是由诸多因素造成的。不管怎样，我们应当承担自己应负的责任，但不要过分。

同理可得，责备他人的时候，我们也会出现相同的倾向，即我们不考虑事件的复杂性，单纯地苛责他人，认为他人很坏、脆弱等。

抑郁者认为在遇到不好的事情时，自己会因某方面的过错受到惩罚。在极端情况下，抑郁不仅包含自我批评和自我攻击，而且包含自我憎恶。这不仅仅是对自我的失望感，而是将自己视为可憎的敌人。自我批评是出于失望以及想做得更好的愿望；但自我憎恶并不是希望自己做得更好，而是怀有破坏或除掉自己的冲动。

第六节　抑郁的躯体化

人们表达情绪可以有三种方式，表情、语言以及身体。当一个人处于痛苦、无助、压力大的情况下，又不能用表情和语言充分表达时，就只能用身体表达了，这种表达，我们称之为躯体症状；用这种方式来表达抑郁，也就是抑郁的躯体化。

【来访者自述】

“心理问题导致了生理问题，总是觉得胸闷，气喘不上来，到医院什么都查不出来。”

【来访者自述】

（女，医生。）“我有一个很大的毛病，偏头痛。小时候常常头痛，第一次发作很厉害，是在大二，恶心呕吐，上吐下泻，去医院看的急诊，却不知道毛病在哪儿。发作挺频繁的，有时一周一次，今年是一个月一次。开始痛的时候就吃止痛片，每次发病都会出很多汗，恶心呕吐，过后的几天都没劲、没食欲，但除了痛，医院看不出问题。只要紧张、压力大或是没休息好，都特别容易发作。”

【来访者自述】

（女，重度抑郁；先服用罗拉，一天一片，后服用百忧解，一天两粒。）“全身痛两年，背痛，肩痛，胸痛，腰痛，看了好多家医院都查不出来什么问题，一个人待着会更疼，没有压力时会好一些，天天都很累，睡不好，厌食。”

【来访者自述】

（女，25岁。）（自述时说话吞音，听起来感觉声音越来越小，人有往后缩的趋势。)“有气不顺的感觉，需要深呼吸把自己像气球一样吹起来，才能把话说完。”

【来访者自述】

“整个人都抑郁了，学习不顺，感觉特别喘不过气，是真的那种气上不来的感觉。”

【来访者自述】

“我生病在家休养时，老爸天天看我不顺眼，天天吼我。他一吼我就不舒服，是身体不舒服，头疼。本来回家是想养病，但他老骂我，结果感觉头都是肿的，头疼得睡不着，只能裹着被子靠着墙。”

【来访者自述】

“又睡不着觉，一直都有这个问题。最近有好几天都睡不着，都快5天了。睡觉不喜欢有噪音、有光。现在特别严重，连漆黑一片都不行，一躺到床上就特别紧张，怕睡不着，提到这个都很紧张。”(陈述时眼圈都红了，后来开始哭泣。)

【来访者自述】

“天天都睡不好，从那天开始，第一天开始睡不着，第二天入睡困难，白天就什么也干不了，饭都不想吃，整个人都垮下来了。”

【来访者自述】

(女，22岁，SCL-90测试中，躯体化、恐怖、偏执指标为中度，强迫状态、人际关系敏感、抑郁、焦虑、敌对等指标均为重度。)“时间总是混过去的，精神状态不好，人总是困困的，睡也睡得着，只是睡起来没有精神，每天都这个样子，每天很劳累，很困，不想出门。”

抑郁是一种最普遍，但又不容易被认识的心理失调。到目前为止，有许多人对抑郁认识不清，加之当事人出现各种各样的躯体症状，如头痛、胸闷、胸痛或胸部紧束感、气急、心悸、心慌、心窝部烧灼感、消化不良、腹泻或便秘等躯体反应。这些反应很突出，以致掩盖了情绪低落。

躯体反应是隐藏得最深的抑郁表现。随着抑郁的发展，生物的、心理的快感都会遗失殆尽。抑郁者的胃口常常不佳，即使是平时爱吃的人，美酒佳肴也勾不起食欲。抑郁者常常会变得消瘦。睡眠也出现各种问题，晚上难入睡、早上早早就醒，即使睡着了，睡眠的质量也很差。胃口不佳，睡眠不好，渐渐就会变得虚弱、疲劳。抑郁者的性生活也会受到影响，男性的勃起障碍和女性的性冷淡都是常见的现象。

具有躯体反应的隐匿性抑郁如何区别于一般性的躯体疾病呢？首先，抑郁者表现为身体不适却查不出相应的器质性疾病或脏器损害，即排除躯体器质性疾病的可能。其次，除突出的躯体反应之外，也有抑郁的表现，包括高兴不起来、没有兴趣点、精力不够。如果符合上面两个标准，那么很可能是隐匿性的抑郁者。

从医学上来说，思想和情感的状态确实会影响身体的物质、结构和功能。疾病只是身体系统的连接松脱了，并且全都是同一原因——压力造成的。只要施加足够的压力在某个环节和系统上，那么，这个环节和系统就会断裂，我们就会生病。我们的生理机能借由生病反馈给我们，好让我们知道自己失衡了，或是离开了能够行动的状态。

较愉悦的思想会产生较愉悦的生化物质，也会有较健康快乐的身体，不客观的思想和过度的压力，严重时使身体和脑部的功能退化。有许多证据表明心理状态的确会影响身体健康。抑郁、哀伤、悲观对我们的健康有短期和长期的影响，而且这种影响是如何产生的现在已不再神秘。这个影响的每个环节都是可以验证的，失败——悲观——抑郁——儿茶酚胺减少——内啡肽增加——免疫系统被抑制——生病。这里面没有不可测量的过程。抑郁、哀伤会在短期内减弱我们免疫系统的功能，而较严重的抑郁、悲观则会长期抑制免疫功能，使我们的健康受损。

抑郁者的疲乏不同于简单的生理疲劳，多半带有主观体验的性质，并不完全是客观生理指标的变化。如果对生活缺乏热情，做事缺乏兴趣，不能保持对自然、艺术、美和他人的关注与热爱，不能做自己喜欢和感兴趣的工作及事情，那么累的感觉便自然出现，且驱之不散。当性情快乐、态度积极地做事时，就不易产生疲劳感；而当在抑郁被动的状态中做事时，便极易转换成一种心理上的疲惫状态。

抑郁也会造成人生理上的变化，影响我们的身体与大脑的活动。在抑郁状态下，大脑活动出现变化是显而易见的。事实上，任何心理状态，如快乐、性兴奋、激动、焦虑或者抑郁都与脑生理变化有密切的联系。最近有研究表明，上述心理状态中有些与应激激素(如可的松)的分泌有关，这表明抑郁反应包含了应激活动的成分。抑郁还会影响被称为神经递质的大脑化学物质的分泌，其中研究最多的是单胺类神经递质的分泌活动。一般来讲，在抑郁状态下，大脑中这些化学物质的分泌水平下降，这也是服用单胺类药物能缓解抑郁症状的原因。

据推测，上述生理变化，可能是造成我们的身体出现不良症状的原因。抑郁不仅影响了我们的精力，也影响到我们的睡眠(但也有些人在抑郁状态下睡眠增多)。另外，没有胃口也是抑郁的常见症状，我们吃饭时会感到食物味同嚼蜡，体重也会因之减轻。也有些人在抑郁的时候会出现体重增加的现象，抑郁者体重增加是由于他们觉得食物虽然不好吃、但应该吃，因此丧失了对食物摄入量的控制而导致摄入过多。

- 失眠

作为高级动物，人在生长发育过程中，为了适应自然，需要有一个休息的过程。白天的活动会造成躯体上、精神上的消耗，当消耗到了一定程度，人就会感觉疲倦，缓解疲劳恢复体能和精神需要睡眠。

人们存在一个误区，认为失眠是一种病，只要一失眠就会马上焦虑不安。我们可以用一条线段表示睡眠，其中的左端是健康睡眠，靠左边的一段是正常睡眠，靠右边的一段是非正常睡眠，右端是医生诊断的严重失眠。健康睡眠与严重失眠之间还有亚临床和亚健康状态。健康人也会偶尔失眠，当生活中出现了大喜大悲的事情，失眠是一个正常的反应，当心情平静或事件过后，失眠自然就过去了。抑郁者的失眠大多处在亚临床和亚健康状态，而抑郁者很容易把自己的失眠归结为医学诊断的严重失眠。其实抑郁者的失眠只是抑郁的一种生理反应，长时间处于抑郁这种负性状态，严重失眠就会慢慢向你靠近。

所谓的严重失眠是需要同时具备几个条件的：一是自己对失眠感到十分痛苦；二是工作、学习、日常生活、人际交往都受到严重的影响；三是经常发生，每周至少三个晚上，至少持续一个月。当出现严重失眠时，去寻求专业人士的帮助是一个好选择。

不少自称失眠的人不能正确看待梦，认为梦是睡眠不佳的表现，对人体有害，甚至误认为多梦就是失眠。其实，每个人都会做梦，做梦是一种正常的生理现象，是大脑的一种工作方式。在梦中重演白天的经历，有助于记忆有用信息，并把无用的信息清理掉，类似于电脑的磁盘清理。梦本身对人体并无害处。

精力旺盛的人睡眠相对较少，可以有两个解释，一是他们不需要那么多睡眠，因为大脑分泌的神经激素多，足以保持人的意识清醒和情绪的饱满，他们的睡眠不完全受昼夜节律的影响。如果接受这样的解释，那么睡眠多的人可能比睡眠少的人懒，缺少创造力，也少些生活的激情。第二种解释是人类对睡眠的需求有很大的个体差异，医学把人的睡眠分成长睡眠型(9~10小时)、中睡眠型(7~8小时)和短睡眠型(5~6小时)。统计学表明大多数人是中睡眠型，老人、孩子、智障者、神经症人、无所事事者和懒汉多是长睡眠型，这样的人或者缺少足够的能量，或者是缺少对生活的激情。滑稽的是压力过大者、抑郁者、焦虑者是少睡眠的，可这类人并没有激情。这些人的一个共同特点就是神经性兴奋，一个人把生活的激情转移到对身体的过度关注，那么失去睡眠的同时也失去了生命创造力。如果把这些兴奋投注到外部世界，内心的不适就好了，睡眠也改善了。

- 疼痛

情感上的痛苦不仅是疼痛的一个组成方面，还是疼痛的结果或导致疼痛的原因之一。抑郁是与疼痛相关的重要反应，几乎所有的疼痛病人都曾经出现过抑郁。疾病的临床学表明，在抑郁症病人的植物性症状和躯体症状中，疼痛是仅次于失眠的第二大症状，50%以上的抑郁症病人有包括头面部痛、颈背部痛、胸腹痛、盆腔痛以及四肢痛等主诉。某些人疼痛表现得尤为突出，甚至掩盖了其他症状，导致诊断延误达数月乃至数年。

另一方面，抑郁是慢性疼痛常见的伴随症状。一项临床调查表明，在300个慢性疼痛病人当中，87%的人有抑郁症状。抑郁能够加重疼痛，同时还会降低针对疼痛的治疗效果，因此，疼痛和抑郁共同决定了疾病的病程和恢复(包括躯体损伤和残障程度)。

有研究者对第二次世界大战期间两组人的痛觉现象进行了比较。一组是在战场受伤的士兵，另一组是意外受伤而接受外科手术的普通市民，两组人群的身体受损程度近似，具有可比性。结果发现，80%的市民要求用镇痛药缓解疼痛，而有此要求的士兵仅有25%。研究者把这种明显的差异归因于对损伤认知评价的不同。疼痛的产生与一个人对疼痛原因的认识和评价密切相关。人们对环境的认识，对创伤意义的认识和期望会影响自身的疼痛耐受性。也就是说，如何理解生活的意义，如何看待生命、疾病和死亡，以及有什么样的自我期待等，所有这一切对病人的病程和康复水平均有影响。

对疼痛的感觉与人的注意力密切相关。如果把注意力集中在受损的器官或组织上，则疼痛就会更加剧烈，而增强后的剧痛又进一步使人的注意力集中在疼痛部位上，如此形成恶性循环。相反，分散注意力就能减轻疼痛。如士兵、运动员在受伤时，因为注意力集中在战场或比赛胜负上，可能感觉不到自己的伤情或疼痛。只有战斗或比赛结束，看到出血的伤口时才会感到剧烈的疼痛。

人格特征是受先天和后天共同影响的，随着年龄的增长逐渐趋于稳定。人格特征影响一个人对疼痛的反应态度。外向性格的人对疼痛的耐受性比内向的人高；自尊心强的人常表现出较强的疼痛耐受性；具有疑病、敏感、抑郁、癔病性人格特征的人对疼痛很敏感；用安慰剂无止痛效果的人，性格较为孤僻和死板。

可以要求自己和家人忽视疼痛行为，这些行为包括一疼就抱怨、开始卧床等，坚持在床下走动，就可能去做一些事情。学习自我控制的放松练习，类似气功或瑜伽，方法是仰卧，全身放松，用意念来感受手部的发热感和因全身肌肉松弛而产生的肢体沉重感。可以分两个阶段。第一阶段通过外部按摩等方式，让疼痛部位的肌肉放松，这时疼痛会有所减轻。经过一段时间的反复训练后就可以进入第二阶段，自我引导类似放松状态的出现，即人为地引发此状态，便可以对疼痛进行一定程度的自我控制。

第五章

抑郁的行为

当我们抑郁时，行为方式也产生了一些变化，不大会积极地参加活动，尽量避免交往，将自己隐藏起来。许多以前我们乐于从事的活动，现在却变得令人难以忍受，因为任何事情做起来都太费力，我们做得似乎比以往更少。我们对待他人的方式也发生了变化。我们会发现自己与他人正向的交往减少而与他人的冲突不断增多。如果我们因此感到焦虑，就会避免与他人接触，进而丧失对交往的信心。

抑郁者有时会变得紧张不安，难以放松，感觉自己如同困兽，四处走动想做点什么，却不知道该做什么。有时，想逃出去的想法非常强烈，但是对逃到哪里去，去做什么却不清楚。有些抑郁者会变得反应迟钝，走路缓慢，时走时停。

抑郁的时候，经常感到不想做事，而一旦没有完成什么事情，就会认为自己没用，这种自身无用感会使我们变得更加抑郁。

第一节　犹豫不决

【来访者自述】

“买东西的时候，犹豫不决，哪怕是很小很小的东西……”

【来访者自述】

“老是没信心，什么决定都患得患失，真是受不了自己了……”

【来访者自述】

“眼睛疼，什么都干不了，纠结老半天是否去医院看眼睛，后来没去……”

【来访者自述】

“到了食堂，还在纠结晚上是否要去考试，决定吃完再说，后来接了个电话，放弃考试，找了个地方听歌，等同事们考完……”

【来访者自述】

“搬回家住了，因为没钱，但又想搬出去，两难。好多事都是这样优柔寡断，衡量得失，有点神经质的那种……”

为什么做决定这么困难呢？因为一个决定的做出意味着排除了所有其他选择的可能。这个概念存在于许多决策困难之中。每个“是”必然对应着一个“否”。做决定的代价是昂贵的，因为一个决定意味着一个甚至多个的放弃。决定不仅仅使我们直接面对自己在何种程度上正在创造着自己，也使得我们必须面对可能性的限度。做决定使我们与其他可能性相隔绝。你选择了一个女人、一个职业或者一所学校意味着你放弃了所有其他的可能性。我们越面对自己的局限，就越要放弃一些关于自己的神话，例如自我的特殊性、无限的潜力、不朽以及对生物定律免疫。

谁都有左右为难、前怕狼后怕虎的时候，这类状态我们称之为心理冲突。心理冲突是两种互相对立的情绪、评价、态度和行动倾向同时并存于一个人的内心，当事人既不能放弃其中之一，又无法将二者协调统一起来，从而感受到紧张不安或其他不快甚至痛苦的情绪，这是一种普遍现象，几乎每个人都不能避免。抑郁者之所以痛苦，是因为冲突太强烈，并纠结在里面，认为只有自己才有如此多的困苦。

在我们的一生中，内心冲突的情境经常发生。当我们还是孩子时，在对待父母的态度上就开始有了心理动机的冲突。一方面要从父母那里获得保护和供养，以满足吃喝玩乐、表扬等需要；另一方面，自己的行为却因受到父母的限制和约束而不能自由自在，为所欲为。这时就会出现既要依赖父母，又想摆脱父母束缚的两种相反的倾向。

人的心理冲突是非常复杂的。简单地说，两者都想要称之为双趋式冲突，两者都不想要称之为双避式冲突，既想要又不想要称之为趋避式冲突。以上所说的心理冲突本来是人的很正常的心理冲突，一旦被我们误解、看重，就很可能会造成挫折情境，使我们感到心情烦躁、不安和痛苦。实际上心理冲突本身是一种心灵能量的显现，我们认识了它，理解了它，冲突可以变成激发剂、弹力球；相反，如果我们试图压制它或躲避它，冲突就会转化为腐化剂甚至定时炸弹，产生有破坏性的负性能量。

抑郁者试图压制或躲避自身的心理冲突，因而产生了极大的负性能量，从而感到极度不安和痛苦。

第二节　拖　　拉

【来访者自述】

“……以前有个比喻说‘被很多东西束缚着’，我就是这种感觉，虽然大概知道是什么原因造成的，但好像改变不了。我是一个爱空想的人，想法最后老是不了了之……”

【来访者自述】

“……其实我做了很多计划，但是就是不能完成，我总是开始不了，总想着明天开始吧，或者是下一次……”

抑郁者做事拖拉的动机症状体现在做任何事情都缺乏动力，动力在心理学上称之为动机水平，我们不同的人有不同的动机水平。大多数人都能够做到早晨按时起床，按时去工作或上学，能够积极寻找各种方法来娱乐自己以及他人。但是，对抑郁者来说，不要说积极寻找各种方法来娱乐自己，他们要开始做任何事情都是极其困难的，需要作巨大的自我斗争。严重抑郁者甚至会每天披头散发躺在床上一动不动，茶饭不思，眉间紧锁，寡言少语，以泪洗面。即使有所动作，动作也是很缓慢的。

抑郁者之所以会产生拖延的行为，是因为他们害怕自己或自己做事的结果不能被自己和他人所接受，以至于不仅躲开这个世界，也躲开他们自己。虽然忍受自责、自轻和对自己的反感是相当痛苦的，但是比起看清真实的自我所带来的脆弱和无地自容，这样的感受或许更能够被承受，拖延是抑郁者的保护伞。

抑郁者担心被他人评判或者被自我评判，害怕自己的不足被发现，害怕付出最大的努力还是做得不够好，害怕达不到要求，拖延是应付这种害怕的一个心理策略。这种心理状况可以被描述为“我是有拖拉的坏习惯，如果我努力做了，肯定能做得很好的”，而不用担心被质疑为“我努力了，可我没做好，肯定是我能力不行”。

还记得具有“完美倾向”抑郁者的假设吗？我做得好(或是我做得比别人好)说明我很有能力，所以我好；反言之，我做得不好(或是我做得比别人差)，表示我没有能力，所以我不好。结论是：我做得是否好决定了我是好还是坏。

当抑郁者无意识地采用拖延的战术作为防御机制时，做得好或不好不再等同于能力，因为中间缺少完整的努力，我们可以说：“如果我全身心地努力的话，肯定能做好的。”这个时候还是可以自欺欺人地认可自己是有能力的，而只是没做而已，这就意味着不管事情的最终结果如何，都可以安慰自己说：“我还是好的，只是不那么认真努力而已，这是态度问题，而不是能力问题。”

我们通过拖延来安慰自己，让自己相信自己的能力要大于表现，甚至还可以相信：自己的潜在能力是出色的、不可限量的。通过拖延，可以永远不去面对自己的能力限制。宁愿承受拖延带来的痛苦后果，也不愿意承受努力之后却没有如愿以偿所带来的羞辱。担心自己被他人看成无能或者没有价值的人往往害怕自己就是这样的人，害怕自己不讨人喜欢，“如果我没做好，谁会需要我呢？如果我没做好，谁会爱我呢？”

为了证明自身足够优秀，拖延的抑郁者常常对自己有着不现实的要求、不合理的期望。拖延的抑郁者甚至没意识到自己是完美主义者。实际上完美主义者有两种类型，一种是适应型的，一种是适应不良型的。一个适应型的完美主义者对自己要求很高，并且相信自己的表现都能够与之相符。一个适应不良型的完美主义者，对自己要求也很高，但却对自己不抱希望。对自己的要求跟对自己表现的期待之间存在着一种矛盾，所以更容易自责，更容易消沉，因而自尊也处于较低的水平。

美国加利福尼亚大学资深心理咨询师简·博克和莱诺拉·袁博士所著的《拖延心理学》给出了“拖延者的信条”：

我必须要做到完美。

（要么全部有，要么全部没有。带着这样的观念，会因为很多原因而变得沮丧，如：没有完成起初设定的事；没有按原先计划的那样来做事；有的事情做得不错但不够完美；没有得到应有的、足够的认可，等等。因为只对完美感到满意，那么注定会失败。）

我做每件事都应该轻而易举，不费力气。

（优秀不用努力。完美主义者相信，对一个真正出色的人来说，事情即便再困难也应该手到擒来，易如反掌，一旦不能达到，就会停止努力，通过拖延来回避努力。）

什么也不做要比冒失败的风险更为安全。

没有什么是我无法做到的。

（我应该也能够无所不知，确保事情的结果，否则就是错的。很难接受一个事实：我们既不是全职的，也不是全能的，任何人包括我们的父母都是如此。）

如果不能把事情做好，那么它根本不值得去做。

我必须避开挑战。

如果我成功，有人就会受到伤害。

如果这一次我做得很好，那么我每次都应该做得很好。

按照别人的规定做事意味着屈服和失去掌控。

我不能承受失去任何人或任何事物。（难道我是个好胜的人吗？表面上很多拖延者都不是争强好胜的。真相是：很多完美主义者憎恨在竞争中失败，所以尽量避免参与到跟别人直接竞争的活动中，因为没有参与，所以就不会失败。）

如果我展现真实的自己，人们不会喜欢我的。

总有一个正确答案，我将一直等待直到发现它。(在发现正确的解决办法之前，不愿意采取任何行动，从而也不承担任何风险。与其冒着做出错误决定的风险，不如什么也不做。因为害怕一旦做出错误的决定，别人就会小看自己，而自己也无法忍受后悔自责的痛苦。)

第三节 自我封闭

【来访者自述】

(女，25岁。)“我情绪不好的话，会躲着别人，躲在床上，不让别人看到。回忆起来，我总是旁观者，一度认为自己生活在玻璃罩里。一度认为自己在舞台上，但却不知道剧本是什么……”

【来访者自述】

“现在处在一个很不好的状态里，自己控制不了自己的生活，觉得自己什么都不行，有时连洗衣服这种事都没办法做。只有在很熟的人面前才会给出一点回应，在别的人面前都很死板。我跟陌生人交往有问题，在单位干了两年都没有一个朋友，到现在好像大家都不知道我的存在，跟熟人也是通过很长一段时间才变熟的，很漫长的……”

【来访者自述】

(男，20岁，抑郁自评量表参考诊断为轻度抑郁症状。)“不喜欢太热闹，想一个人过，不想让任何人打扰。可能有点想逃避黑暗的一面，比方说人和人接触，不喜欢接触到人不友善的一面，最好的办法就是不接触，几乎没怎么接触女生。”

【来访者自述】

(女，23岁。)“想离家出走，就像割断和别人的联系一样。爱是一种负担……如果我是个孤儿就好了，我伤害自己时就不会伤到别人……”

人都有相互沟通交往的需求，据统计，人除了睡眠时间外，一天中其余70%的时间被用来交流信息和情感。自我封闭的最大特征是非沟通性，自我封闭的抑郁者不愿与人沟通，很少与人讲话，或是无话可说，或是害怕、讨厌与人交谈，对周围环境敏感，希望自己能与世隔绝。

自我封闭实质上是抑郁者不能获得自己追求的东西时无意识采取的防御机制，抑郁者以此方式来回避人、事件和环境，降低自身挫败感。人在追求某些愿望的道路上遇到挫折，陷入痛苦和烦恼时，会本能地选择一个非常简单的方法：回避。它能迅速地让人脱离让自己感觉痛苦的人、事件和环境，而不必去直面痛苦和问题。回避本身是自我保护的一种方式，只是抑郁者的回避泛化了，泛化到不让自己有机会再去接触人、事件和环境，以期望保护自身不再受伤害。事实是，我们无法逃避掉人生中所有的问题和痛苦，逃避问题，不如说是在逃避自己，不愿承认自己无法解决某些问题的现实，而且不愿承受痛苦。

人本身具有社会性，沟通交流是人的基本需求，我们在社会中是无法做到自给自足的，自我封闭隔绝了抑郁者和环境及环境中的人的关系，也失去了获得感受愉悦的可能性，失去了获得满足感的可能性。

第四节 自残或自杀企图

【来访者自述】

“自觉是抑郁，从小就这样，现在越来越严重。知道这样不好，其实很多年来都在自救，在与人交往、心情和心理上比以前进步了很多，但一碰到事就会很容易难受，一次比一次重，特别无助，也不想跟别人说，从小在别人面前都表现得特别优秀，不想让别人担心，也不想让别人以异样的眼光看自己，就连对心理医生都不是很信任。

压抑的事情太多了，不知道从哪开始说。最近一段时间特别压抑，情绪波动大，晚上失眠，每天特别想睡，醒了就很痛苦。

感情、工作都有问题，但在别人眼里我又是一个很优秀的人，不喜欢在别人面前表现得很没用。

真的觉得很没意思，只是不说。想过不活了，最近的一次是两天前，查过死的方法。很早的时候就想过死了就解脱了，但自己又胆小。前两天也试了有没有安眠药卖，说实话觉得自己进步了。”

【来访者自述】

“最近一次想到死是在 8 月，情绪很低落，那段时间经常想到死，最极端的时候看到一张纸就想写遗书。”

【来访者自述】

（女，SCL-90 测试结果除了敌对为轻度，其余均为中度或重度。）“想过自杀呀，但想到父母就好伤心，连死都下不了决心。想过各种方式，跳湖应该还可以吧；从楼上跳下去死相太难看了；割腕也行；安眠药可能不太容易买到吧，但感觉比较体面。”

【来访者自述】

“几个月前还觉得自杀是很愚蠢的，现在这个念头却常涌上心头。但我很怕死，不是一般的怕，不敢坐飞机，火车也怕，缆车绝对不敢坐。”

【来访者自述】

（女，25岁，重度抑郁。）“觉得自己病又发了，高三时抑郁，自杀过两次，右手留了个疤。恐高，但走到高处又想跳下去。很喜欢小动物，真的很喜欢，但有时想把它们抱到阳台外后松手。”

【来访者自述】

“感觉世上只剩自己一个人时，没必要跟别人说什么，又没办法发泄，就会觉得真没意思，害怕那种感觉，有时自虐或弄伤自己就会好受一些，我总需要发泄吧，但对别人都有戒备心，当事情发生时不喜欢跟别人讲我正在想什么。”

【来访者自述】

“真的想过自杀，实在受不了，没人理解我，还不如跳楼算了，几乎每天都在想，拖到现在。”

【来访者自述】

“很抑郁，持续了很久，心情也不好，一次出门时特别绝望，都不想活了。还有，在切菜时，记得很清楚那次是在切黄瓜，就很想割腕，有点恍惚的感觉，很害怕。”

【来访者自述】

“有想过不活了的时候，只是想，如果我死了，会给许多人造成心理创伤，所以要坚持下去。觉得死的成功率比较重要，因为失败的话再生活的压力会特别大，别人会说这个人以前自杀过或者什么的。最近一次想到这些是一个多月前，当时在家里，不过想到如果我死了，男朋友怎么办。”

研究发现，我国的自杀者有40%患有抑郁症。抑郁症是导致自杀最重要的精神疾患，病人终身的自杀风险为6%~15%。

每个自杀的人都是追求完美的。自杀者的心底藏着自大，在追求完美的歧途上撞得头破血流时仍执迷不悟，不愿放弃自己虚幻的追求，宁愿选择去死，也不愿意承认自己是不完美的。为什么重点高校每年会有人自杀，就是因为他们的心中藏着自大。在成为重点学校尖子生的同时，自大和追求完美的幻象就深埋在了心底，一旦幻象破灭，无法接受自己不完美的现实，最终选择了自杀。

曾有过自杀未遂史的抑郁者是自杀高危人群，与从未有过自杀行为的人群相比，其自杀死亡的可能性会增加100倍。同样，近期曾有蓄意自我伤害史的抑郁者也是自杀的高危人群。虽然蓄意自伤不能完全等同于自杀，但通常多伴有长期且逐渐加重的抑郁。研究表明，10%的蓄意自伤最终将发展成为自杀行为。

自杀者采取行动前或多或少会出现一些危险信号。大多数自杀者在采取行动前都曾非常矛盾，他们都会采取各种方式向周围的人表露自杀的想法，向外界表达自己的困难处境和痛苦。他们会告诉他人自杀的想法，有时会留下遗书传达信息。这是最容易识别但又总不被重视的信号。很多人认为那些威胁说要自杀的人不会真的采取行动，而且他们不一定真的想去死，并对这类行为不以为然，甚至嘲弄激化，这也致使部分明确表达自己意念的自杀者丧失了被救治的机会。实际上，即使没有强烈的自杀意愿，声称要自杀也是实际自杀行为的强烈危险信号，因为扬言要自杀的人，很有可能因冲动采取实际行动，尤其在自杀工具极易获得的情况下。

部分自杀者会在采取行动前向亲友告别，或向他们诉说一些类似于嘱托或道歉的话语，或将自己心爱的物品赠送他人；有的则会将自己的财务转交他人。部分自杀者无任何缘由地和他人讨论自杀方法，例如哪种方式痛苦最小，在哪里可以购买到工具等。部分自杀者在采取行动前，会花时间来考虑采取什么样的方式，这也代表他在踌躇和矛盾中。

还有一种自杀信号是最容易被误解和忽视的，即长时间严重的抑郁情绪突然好转。通常情绪出现好转会被认为是一种康复的表现，周围的人容易放松警惕。其实，当想自杀的人不再犹豫，下定决定要采取自杀行为时会因为找到了解脱的办法而体验到放松的感觉，这种情景下的情绪好转，反而暗示自杀的可能性更大。

人们普遍认为，和想自杀的人谈论自杀，无异于打开了潘多拉的盒子，使原本不想自杀的人产生死亡的念头，而只要避而不谈，自杀便不会发生。事实上，了解当事人是否存在自杀的想法，是否计划、采取何种方式自杀是自杀预防过程中最为核心的信息，也是自杀预防成功的关键。同时，通过谈话还能使当事人感受到他人的理解和支持，获得有意义的帮助。

有人认为，应该尊重人们选择生或死的权利，这是错误的。因为自杀者通常会受到抑郁情绪或病态心理的影响，此时的选择并不是理性的，所以，对他们进行危机干预和自杀预防是对生命的一种尊重。只要提高对自杀的警惕，采取有效措施，自杀是完全可以预防的。

当察觉到身边的人可能出现自杀行为时，你不妨为自己敏锐的观察力自豪一下，但同时你也会感到责任重大。识别自杀意图是第一步，要成功预防自杀需付出很大的努力。第二步是尽可能消除立即自杀的危险性，稳定自杀者的情绪。第三步是寻求专业帮助。

抑郁时我们是戴了个“墨镜”，抑郁悲观地看待自我和周围世界，抑郁地预测未来，感到绝望和无助。情绪是波动变化的，随着“抑郁墨镜”的摘除，一切看起来都将完全不同。对于想自杀的抑郁者来说，想自杀的念头力量真实、强大而又直接。可是当我们自己反复地质问自己时，会发现其实我们真正想要的只是终止痛苦而已，我们不是“不想活”，只是“不想这样活”。认识到这一点很重要，此时可以尽量与他人交谈，家人、朋友、心理咨询师甚至陌生人，都是你的选择对象。

另外，认识“死亡”、接触死亡也是理解生命的意义、避免自杀、自残的方式之一。在美国，一些小学已经开设了死亡教育课程，由接受过专门培训的殡葬行业从业人员或护士走进课堂，告诉孩子们人死时会发生什么事，并且让他们轮流通过演戏的方式，模拟一旦遇到亲人死亡等情形时的应对方式，体验突然成为孤儿的凄凉感觉；或走进火葬场参观火葬的全过程，甚至设计或参加一台模拟的向亲人遗体告别仪式，等等。给孩子开设死亡教育的课程，也是为了让孩子能够更好地认识生命，珍惜生命。

许多有自杀企图的抑郁者往往对现实生活感到绝望或无助，认为自杀是唯一可行和有效的方法，但事实是，我们不是只有死路一条的。每一个生命的存在都有其不同的意义，我们的存在本身就是生命的意义。

抑郁是恶性循环，如果我们什么都不做，这个恶性循环不会自然地停止，我们必须做点什么才可以打破这个恶性循环，使之良性起来。恶性循环中抑郁思想、抑郁情绪和抑郁行为三者是互为因果、互相影响的，所以可以从任何一个环节切入这个恶性循环，从而打破它。我们可以分别从丰富思想、管理情绪、选择行为三个方面入手，用行动去打破抑郁的恶性循环。

有一点请牢记：丰富思想、管理情绪、选择行为均为动宾结构，动词在前，都表示我们需要“做点什么”中的“做”这个动词，也就是说，“丰富”、“管理”、“选择”本身都是行动。

第六章

丰 富 思 想

有两个观光团到一个小岛旅游，路况很坏，到处都是坑洞。其中一位导游连声抱歉，说路面简直像麻子一样。而另一个导游却诗意盎然地对游客说：先生们女士们，我们现在走的这条道路，正是赫赫有名的酒窝大道。

当我们碰到不好的事件时，我们最自然的反应就是不断地去想它，这些思绪会很快凝聚成想法或认为，这些思绪会变成习惯，我们不会意识到我们的这些想法或认为的存在。这些想法会引起后果，我们的情绪和行为就是这些想法直接的后果。因此，思想决定我们是放弃、颓丧，还是振作、再尝试。

丰富思想操作三步曲：

第一步：学会去认识自动冒出来的具有抑郁特征的不客观的

想法。

第二步：学会质疑抑郁想法，并用重新归因的方式去完善原有的想法。

第三步：学会完整地全面地表达新的想法。

第一节 认识具有抑郁特征的思想

我们要认识具有抑郁特征的思想，即要意识到自己什么时候存在着极端的、绝对的想法和认为，要明白这些极端的、绝对的想法和认为是怎样的，以及要知道这些极端的、绝对的想法和认为是怎样影响我们的情绪和行为的。

我们会发现，我们正抑郁着的时候会使用片面的、极端的、绝对的词语来描述自己，使我们一而再、再而三地对自己下极端的、不客观的判断，从而陷入无法自拔的抑郁情绪中，继而做出无法改变的抑郁行为。

我们给具有抑郁特征的想法或认为做一个简单的小结如下：

全或无的思维方式	看事情太绝对化，非黑即白，非好即坏
过度概括化	将一个负性事件看成是全面的失败
思维过滤，忽视积极面	只注意到阴暗面，而忽视积极方面，对自己的成就或优秀的方面视而不见
主观猜测，预言未来	认为他人对自己有恶感，认定自己的将来或某事将变坏
过度夸大或贬低	过分夸大或贬低事件的重要性
情绪化推理	由感觉得出结论，妄下断语，在没有确切证据时，就对事物下负面结论
“应该”语句	批评自己或他人时总是用“应该”、“不应该”、“必须”、“一定”等

续表

贴标签	“我是个傻瓜”、“我是一个失败者”，而不是“我犯了个错误”
期待事情自己能变好	希望自己不加任何努力，事情就能自己变好
责备	即使是与自己无关的事，也总是将错误归咎于自己，或者只是责备他人而忽视了自己应该负的责任

我们可以把具有抑郁特点的想法或认为理解为一种对事件或人或环境的解释风格。解释风格是你对为什么这件事会这样发生、为什么人会这样、为什么陷入这种境况的习惯性解释方式。这里不得不提一下“习得性无助”这个专业名词。

习得性无助是一个放弃的反应，是源自“无论你怎么努力都于事无补”的想法的行为。“习得性无助”指有机体经历了某种学习后，在情感、认知和行为上表现出抑郁的特殊的心理状态。“习得性无助”是美国心理学家塞里格曼(Seligman)1967年在研究动物时提出的。他用狗做了一项经典实验，起初把狗关在笼子里，只要蜂音器一响，就给以难受的电击，狗关在笼子里逃避不了电击，多次实验后，蜂音器一响，在给电击前，先把笼门打开，此时狗不但不逃而是不等电击出现就先倒在地开始呻吟和颤抖，本来可以主动地逃避却绝望地等待痛苦的来临，这就是习得性无助。

1975年塞里格曼用人当被试，结果使人也产生了习得性无助。被试是心理学实验或心理学测验中接受实验或测验的对象，实验是在大学生身上进行的，他们把学生分为三组：让第一组学生听一种噪音，这组学生无论如何也不能使噪音停止。第二组学生也听这种噪音，不过他们通过努力可以使噪音停止。第三组是对照，不给被试听噪音。当被试在各自的条件下进行一段实验之后，即令被试进行另外一种实验：实验装置是一只“手指穿梭箱”，当被试把手指放在“穿梭箱”的一侧时，就会听到一种强烈的噪音；放在另一侧时，就听不到这种噪音。实验结果表明，在原来的实验中，能通过努力使噪音停止的被试，以及未听噪音的对照组被试，他们在“穿梭箱”的实验中，学会了把手指移到箱子的另一边，使噪音停止，而第二组被试，也就是说在原来的实验中无论怎样努力也不能使噪音停止的被试，他们的手指仍然停留在原处，听任刺耳的噪音响下去，却不把手指移到箱子的另一边。为了证明“习得性无助”对以后的学习有抑郁影响，塞里格曼又做了另外一项实验：他要求学生把下列字母排列成字，比如ISOEN，DERRO，可以排成NOISE和ORDER。学生要想完成这一任务，必须掌握34251这种排列的规律。实验结果表明，原来实验中产生了无助感的被试，很难完成这一任务。

随后的很多实验也证明了这种习得性无助在人身上也会发生。

解释风格是习得性无助的调节器：客观的解释风格可以阻止习得性无助，而极端或绝对的非客观解释风格可以散播习得性无助。你在遇到挫折或暂时失败时，你的解释方式将决定你会变得多无助或多斗志昂扬。

许多无助的实验情境显示，每3个人中只有1个人不会变得无助。另外，虽然从来没有受过挫折，但每10个人中也会有1个人一开始就采取放弃的态度。女性抑郁症的比例是男性的两倍，因为一般来说，大部分女人看事情的方式正好是放大抑郁的方式。大多数男人碰到事情会去做，而不会反复地去想，但大多数女人会钻牛角尖，把事情翻来覆去地想，去分析它为什么是这样。心理学家把这种强制性的分析叫做反刍。反刍的习惯加上不客观的解释风格，结果就是严重的抑郁。

飞跃抑郁的第一步就是能够意识到自己的抑郁想法，从无意识的“天然发展”到有意识的“自我发展”是认识自我的一大飞跃，从无意识的抑郁的解释风格到有意识的客观的解释风格是自我调适能力提高的一个表现形式。

大家会发现，具有抑郁特征的想法或认为的对象归纳起来可以分为三类。一是对自己，如“我做事必须尽善尽美”，简言之，“是我应该”；二是对他人，如“对不好的人应给予惩罚”，简言之，“是他们应该”；三是对周围环境及事物，如“已注定的事无法改变”，简言之，“是它们应该”。

而这些想法或认为的抑郁特征也可以归纳为三类。

一是绝对化的要求(demandingness)，即从自己的意愿出发，认为某事一定会发生或一定不会发生，“应该”、“必须”。其绝对化在于，人们不可能在每件事情上获得成功，即使某件事取得了成功，也不可能得到所有人的赞赏。而一旦这样的现实出现，持有此类想法或认为的人就会受不了，因而产生情绪上和行为上的障碍，这种绝对化的要求反映了不客观、走极端的解释风格。

二是过分概括化(overgeneralization)，即以某件具体事件、某一言行对自己进行整体的评价。这也是一种以偏概全的不客观的解释风格。人们在对自己的绝对化要求中常常会走极端，认为自己某一件事情办得不好，未获得成功，就是自己一无是处，其实这仅仅说明“这件事上我没办好”而已。因此，我们可以就自己的某一行为的表现进行客观的评价，而不需要因一件事否定个人的价值。我们对他人也常有某种不客观的想法或认为，如果对他人持有绝对化要求，就会发现他人的言行总是与自己作对，因而陷入抑郁的情绪体验中，如“愤怒、怨恨、压抑”等。

三是糟糕至极论(awflizing)，即如果某一件不好的事情一旦发生，就认为其结果必然非常可怕，糟糕至极，是灾难性的。这种思维方式导致焦虑、悲观、压抑、犹豫等抑郁情绪。将一件事情的负面结果夸大到极点，也反映了走极端的、不客观的解释风格。

抑郁会让我们停留在自己的不客观思维中，这与人类的记忆功能有很大的关系。人类的记忆系统有着一个很大的特点就是遗忘。但是遗忘的信息仍然保存在大脑的某个地方，只不过有时不那么容易找到。所以，大脑有一个工作特点是依赖于记忆线索，所谓的记忆线索是与需要寻找的信息有关联的相关信息。例如，有研究者发现，当被试在某房间学习单词，第二天如果仍被带回同一房间，将更容易回想起前一天所学的那些单词。这就是为什么美剧里常有把目击证人带回案发现场的情节，因为这样更容易找到记忆线索以帮助回忆。

抑郁中的所有想法、感觉、情绪和行动的挫败都是我们的记忆线索，这使得我们很容易陷入抑郁的恶性循环，而一旦思维陷入这种恶性循环，除非采取措施，否则难以摆脱。其实，该循环中有许多我们可以突破的环节。当我们抑郁的时候，常常会忽略自己点滴的成功，除非取得巨大的进展，否则我们很难满意。打破上述循环的一条途径是告诫自己："尽管我现在没有做出什么成绩，但这并不等于我是个没用的人。生活对我而言，不仅仅是在此事此时获得成就和认可。"如果正处于抑郁中，我们会常常固执地坚持自己的想法及做事的方式，不易被说服，特别是来自他人的劝说；我们会变得自大，相信只有自己知道的才是真理；我们会忽略他人的看法，认为他们不理解我们，或者不了解真相。我们想尽一切办法证明自己的抑郁观念是正确的，他人的想法是错误的。不客观的解释风格和反刍的习惯都是可以改变的，而且这个改变是永久性的。

抑郁者之所以抑郁，有个共同的特点：抑郁者在最开始的时候不知道自己是抑郁的，在知道之后就变成永恒地抑郁下去了。因为我们病了，我们会一直想"我是不是跟别人不一样"、"我这病好不好得了"、"我要不要吃药"、"我要是不抑郁就好了"等等，其实我们就是在试图赶走"抑郁"的称号，试图赶走"抑郁着的时候"的痛苦，试图赶走"抑郁"这个不对的状态，这时我们会发现我们又陷入一个新的恶性循环，更加抑郁。

【钟摆实验】

发表于《心理科学》杂志上的一个研究中，84名被试被要求握住一个钟摆，让它保持平衡。第一组被试被告知：要保持钟摆平衡。第二组被试被告知：不仅要保持平衡而且不要让钟摆倾斜。结果是第二组比第一组更容易犯错。心理学家海斯的解释是：越是想着不要让它倾斜，反倒让控制倾斜这个动作的肌肉活跃起来。

幸福不是人生的常态，这确实是个事实，虽然我们很多人都不愿意相信和接受。人总是会遭受痛苦，痛苦是生活的一部分，我们无法消除所有的抑郁想法，希望消除抑郁本身就是一个不客观、不合理的想法和认为，但我们可以在既看到我们确实存在着抑郁想法也消除不了抑郁想法的同时，看到我们可以增加生活中的幸福点。

我们解释自己和周围的世界的方式有一个很大的特点是选择性地

去看。

上图是一个经典的两可图。如果你把图片中浅色部分作为主体来看的话，你看到的是一个对称的花瓶；如果把浅色部分解释为背景，那么你看到的是两个相对而视的人。也就是说，如果你选择的方位不同，你看到的结果很可能就是不一样的，特别是存在不同的背景和不同的解释方式时。如果我们执意只把上图看成花瓶，我们就永远不可能看到相对而视的人。同理，如果执意只从固有的认为、想法去看，就只能继续抑郁下去了。

莎士比亚说："事情没有好和坏，只在于你如何看待。"我们的许多问题来自意识思维的习惯性假设，而不是来自潜意识下的恐惧和渴望。很多负面想法来自于习惯性假设。即使我们站到阴影里，我们依旧可以看到阳光，当有负面的习惯性假设时，不妨在心中默念三遍"事实不是这样"，然后再去重新看待你的想法，真的，它们事实上真的不是你想象的那样。有时，想清楚自己的想法是很困难的，像生活中许多事情一样，这也需要练习。并且，开始可能感觉不习惯，一段时间以后，你或许会发现，你的思维中会经常出现某些重复的主题，比如，在抑郁的时候，我们经常在头脑中出现对未来、对他人关于自己的评价以及对自我观念的抑郁判断。

"认识"是动词，意味着认识本身是一个行动过程，真正的认识是有能力自我意识到，并能表达，所以看过以上具有抑郁特征的想法或认为后，请随时拿纸笔写下我们自己极端的、绝对的、不客观的想法，或是说出来，而不是闷在心里，一段时间后我们会发现，我们竟然有如此多的不客观的想法或认为。当我们完善这些不合逻辑、自我苛责的想法时，就能自主去影响我们的情绪，进而改变我们的行为。

第二节 质疑抑郁思想

我们抑郁时似乎很确定自己的想法或认为，这些想法和认为是“非全即无”的，但是，我们可以试图质疑这些想法和认为的精确性。抑郁将我们推向某些极端想法或认为，但要记住：这些想法或认为仅是我们真实而客观的想法或认为的一部分，我们其实比自己想象得要复杂。我们可以学习质疑自己的想法，并试着全面且客观地阐述自己的想法和认为。

【咨询案例片段】

(咨询师)你的意思是，没保研到清华，对于你来说是一个巨大的失败吗？

(来访者)是的，当时我是学校前三名。

(咨询师)以此类推，高考没上成北大和托福没上600是另外两个失败？

(来访者)(带了一点犹疑)是吧。

(咨询师)所以，你的人生中出现了三次“失败”，导致你就是个“失败者”？

(来访者)(没吭声)

(咨询师)是不是只有上了国内最好的大学或是去了全球最好的学校才算是成功呢？那你原来的同学和现在的同学都算是失败者？

(来访者)也不是这么说的。我觉得他们有很多人很好的。

(咨询师)你的意思是虽然你和很多很好很成功的人一起，但你是个失败者？

(来访者)也不能完全这么说啦，其实真要比起来，我在班上算成绩好的了。

(咨询师)现在能把你想表达的重新组织一下语言吗？用“虽然……但同时……”造个句，并且不用“成功”、“失败”来评价自己。

(来访者)(嘿嘿笑了)虽然我没能去成北大、清华，托福也没考过600，可能去不了美国最好的学校，但同时我还是具备相当的学习能力的，而且我的成绩总体来说还算不错，至少可以去个比较好的学校继续深造。

(咨询师)你觉得这样的陈述能表达清晰你的想法吗？

(来访者)这样的表达比较全面、真实，这些想法我都有过，只是很少这样组织语言来表达。

【咨询案例片段】

(咨询师)我们把你刚才谈到的尽善尽美作为满分10分，什么都不会、什么都没有作为0分，你所谓的“做得更好一些”和“很好的状态”是希望能做到几分？

(来访者)(思考后回答)更好一些算7分，很好的状态是8分吧，人无完人。

(咨询师)呵呵，那你现在这个“不好的状态”时你认为可以打几分？

(来访者)6分吧。

(咨询师)你的意思是你并没有想要自己什么都做到尽善尽美。

(来访者)是，我知道那不可能。

(咨询师)我觉得你一定是个天才，你基本没做什么就能达到你现在的6分。

(来访者)你不会在笑话我吧？我肯定不是天才，我一直都是那种很用功的学生，就是因为我知道我不是天才，只有用功才能得到好的成绩。

(咨询师)你的意思是你一直试图在做点什么来提高自己，比方说用功学习？(来访者点头)我们以“人际关系”为例来说明一下你的6分和7分。你的意思是你期望在人际关系上能从6上升到7再到8？

(来访者)是的，我觉得现在一般都是同学们来找我说话，我一般都不太会主动挑起话题，希望能变得主动一些。

(咨询师)你为了要让自己主动一些采取了哪些措施、行动呢？

(来访者)我反复考虑过了，我属于那种比较内向的人，又来自农村，他们谈论的很多东西我都不太熟悉，我也没有太多话题可讲，就只能见到他们先主动打个招呼，说些“你们出去逛街啊”、“去图书馆呀”等等，有时想不起来仅仅就说声“你好”。

(咨询师)跟原来相比感觉是否存在不一样的地方呢？

(来访者)嗯，有同学反映我比原来要开朗一些，说我以前都不说话的。

(咨询师)你给自己这样的人际感受打几分呢？

(来访者)7分，而且我觉得我还会处理得更好的，熟能生巧嘛。

(咨询师)你通过自己的反省、思考、行动让自己的人际感受比原来更好一些，从6分到了7分。

(来访者)是。

(咨询师)你刚才还说自己什么都没做呢？一团糟。

(来访者)呵呵，也不全是啦。

【咨询案例片段】

(咨询师)你的意思是你们公司的老板、同事们每个人都讨厌你？

(来访者)是。

(咨询师)能罗列证据么？你们单位的每个人，从老板到每个同事，都讨厌你的证据。

(来访者)……(罗列每个人讨厌自己的证据。)

(咨询师)好像有几个人你没有谈到，因为你们单位的人数比你刚才罗列的要多。

(来访者)是，跟他们平时没打过什么交道，几乎没怎么说过话。

(咨询师)那就是说，你并不是很清楚他们这几个人是否真的那么讨厌你？

(来访者)是。被您这么一问，好像其实很多时候我都不能确定他们讨厌我，好像在陈述的同时还能想起他们对我的好，比方说有时候帮我买饭，有时候约我出去喝茶，有时候加班晚了会有男同事顺路载我回家。

(咨询师)还有关于小李，你刚才说的很模糊，好像是说有一次他瞟了你一眼，你觉得那一眼让你感觉他很瞧不起你？

(来访者)是的，那次我们开会讨论一个方案，我的方案老板说不是太完善，要我回去改，而且第二天就要交，小李就坐在老板旁边，我正好看见他在看我，就是不屑一顾的眼神。

(咨询师)这个方案后来如何进展的呢？

(来访者)当然是回家加班改啦，老板都发话了，我能不改么？

(咨询师)第二天方案交上去有什么发展？

(来访者)交上去时老板不在，就是交给小李的，他是经理助理。他看了一眼，说行，他给老板打电话。一会儿小李到我办公室来给我回话说，老板定了，就按照交的方案操作。

(咨询师)我怎么就没感觉出来他瞧不起你呢？还专门到你办公室回话，方案都按你做的操作了。究竟是他真的瞧不起你，还是你自己觉得在别人面前丢了面子，自己瞧不起自己？

(来访者)嘿嘿，当时是觉得有点丢脸，总觉得是在挨批评，看谁的脸色眼神都像是瞧不起自己。

【咨询案例片段】

(咨询师)你觉得父母养育你这么多年很不容易?

(来访者)是，他们辛辛苦苦挣钱为了我读大学，现在还在花他们的钱，他们自己都蛮节俭。

(咨询师)你的意思是不应该读大学，不应该继续读研究生，那样的话就可以去挣钱而不必花他们的钱了吗?

(来访者)不是，我读书也是为了以后更好地报答他们呀!

(咨询师)你是说你在努力去读好书，试图让他们没有白花那么多钱，从而能更对得住父母?

(来访者)是的。

(咨询师)你觉得你用心读了这么多年的书，还不足以对得住他们，是吗?

(来访者)是呀，你看我每个月都要花好多钱去看病。

(咨询师)你的意思是，花钱去看病的人都不应该生病?他们应该为自己生病这个事情负完全的责任?

(来访者)不是这样的，他们又不是自己愿意的，生病由不得你想不想。

(咨询师)你的意思是，他们不应该为自己生病负责，而你需要为你生病了这件事情负完全责任?

(来访者)好像不是这样推理的。

(咨询师)你不想生病来麻烦父母，而且一直为你的病情好转而努力，但是又好像无能为力。这是你想表达的意思吗?

(来访者)这种说法好像比较贴近了。

(咨询师)那谁来为你生病了这件事情负完全责任呢?

(来访者)之前我们也讨论了抑郁这种状况非要找原因的话好像很复杂，也不能完全怪到我自己头上，所以不能由我完全负责。

(咨询师)那你觉得你可以负哪些责任呢?

(来访者)我可以试图找些办法来调整我自己，这是我现在正在做的事，这就是对我自己以后的生活负责的方式。

逃避令我们不安的想法是很好的急救方法，但长远、根本之计是去质疑它，跟它争辩。只有有效地质疑了不合理的想法或认为，你才能改变你的习惯性解释风格，不再抑郁。

有一点很重要，就是你要知道你的想法只是想法，它可能是事实，也可能不是事实。我们在遭受挫折时对自己说的话可能和不怀好意的人说的一样毫无根据。我们的自我解释常常是扭曲的，它们是我们不愉快的经验，如童年的冲突、很严厉的父母、苛刻的老师、姐姐的嫉妒等造成的不合理的解释风格。就因为它来自我们自己，我们就以为它一定是对的。其实它们不过是想法、念头而已。你相信某个想法并不代表这个想法是真实的。所以很重要的一点是退后一步，让自己与不客观的解释保持距离，给自己一点时间来验证自己的想法是否属实。质疑最大的作用就是检查自己的反射性想法是否属实。

首先是认识到自己的想法是可以质疑的；其次就是去质疑它。认识和质疑都是动词，意味着你都要有可被观察到的行动过程。下面是三个重要的行动途径，它们可以使你的质疑更令你自己信服。

(1)寻求证据

质疑抑郁想法的最有效的方法就是举证，证明这些想法不一定是确定的，不一定是符合事实的。大多数时候，对一件不好的事情的不客观反应往往是反应过度。所以要问自己："这种想法的证据在哪儿?"记住用事实说话，而且把事实说出来或者写下来。

(2)寻求其他客观并合理的可能性

通常一件事情的发生不会只有一个原因，而是由多个原因引起的。例如考试没考好，可能的原因有：试题的难度、你的复习时间、你的聪明程度、教师改卷的公平程度、考试时的身心状态等，而不仅仅只是“我太笨了，什么都做不好”。

【小狐狸的归因①】

有只小狐狸见葡萄架上挂满了饱满的紫葡萄，拼命地想要吃到它们，结果跳了半天也没有得到一粒，无奈之下它悻悻而归。回到家后它总是埋怨自己跳跃能力太差，从此郁郁寡欢，萎靡不振。

小狐狸把没能吃到葡萄的原因归结到自己身上，忽略掉了也有可能是目标不合理，从而责备自己，心理学家把这种现象称作内归因，即遇事总在自己身上找原因，不考虑其他可能性。心理学研究表明，遇到愉快或成功的事，进行内归因能增强自信，有利于心理健康。很多抑郁者都是内归因的受害者。人们对失败的反应主要是由他们的生活态度决定的。那些遇事想到成功的人拥有客观的心态，黑暗的时候也总能看到光明的一面，不会完全否定自己的能力，常常能为自己找到客观而合理的解释。而那些易陷入抑郁的人，往往在面对失败时，失掉了客观而合理的思维，更喜欢责备自己，总是把失败的原因归咎于自己。

如果你不满意某人对你的态度(因为他们苛责你或忽视你)，那么你可以对事实进行反思，反问你自己：

“苛责的话或表情真的代表蔑视吗？”

---

① 所谓归因，就是指观察者为了预测和评价人们的行为并对环境和行为加以控制而对他人或自己的行为过程所进行的因果解释和推论。人们行为的原因提出包括内部原因和外部原因两种。内部原因是指个体自身所具有的、导致其行为表现的品质和特征，包括个体的人格、情绪、心境、动机、欲求、能力、努力等。外部是指个体自身以外的、导致其行为表现的条件和影响，包括环境条件、情境特征、他人的影响等。

"如果我现在不抑郁，我会怎么看这个问题?"

"我是否在主观猜测?我是否把他人对自己的看法看得很抑郁，而事实并非如此?"

"我是否将任何小的争论都看做是关系破裂的标志呢?"

"我是否正在用'全'或'无'或过分概括化的方式思考?例如，我是否认同'如果一个人在乎我，他必须永不苛责或忽略我?'"

"一周或一个月以后，我会如何看待这件事——我还会记得它吗?"

"我是否认为他人永远没有悲伤、难过、爱发脾气的时候?

美国心理学家伯纳德·韦纳(B. Weiner)认为，人们对行为成败原因的分析可归纳为以下六个因素：

- 能力，根据自身情况评估自己对该项工作是否胜任。
- 努力，反省检讨在工作过程中是否尽力而为。
- 工作难度，凭个人经验判定该项工作的困难程度。
- 运气，个人自认为此次各种成败是否与运气有关。
- 身心状况，工作过程中个人当时身体及心情状况是否影响工作成效。
- 其他，个人自觉此次成败因素中，除上述五项外，亦有何其他人与事的影响因素(如别人帮助或评分不公等)。

以上六项因素作为一般人对成败归因的解释或类别，其中能力、努力及身心状况三项属于个人条件，运气、工作难度、其他三项来自外在环境；能力与工作难度两项是不随情境改变，比较稳定的，其他各项则均为不稳定的；六因素中只有努力一项是可以凭个人意愿控制的，能力和身心状况是可以通过努力加以改善的，而工作难度、运气和其他三项中个人所能改变的部分比较少。

我们对成功和失败的解释会对以后的行为产生重大的影响。如果把考试失败仅仅归因于缺乏能力，那么以后的考试还会达不到期望；如果把考试失败归因于自己的期望值和自己的实际能力之间存在一定的差距，上课没听讲、课后作业没做导致知识点没掌握透彻等等，并且其中有相当一部分是可以通过自己的行动加以改善的，那么以后的考试就不大可能达不到期望。这两种不同的归因会对生活产生重大的影响。

有成就需要的人会把成就归因于自己的努力，把失败归因于努力不够加上其他一些客观原因，不甘于失败，相信自己有能力应付，坚信再努力一下，便会取得成功。相反，成就需要不高的人认为努力与成就没有多大关系。他们把失败归因于其他因素，特别是归因于能力不足。成功则被看成是外界因素的结果，如任务难度不大、正好碰上运气等。

既然有很多原因，为什么偏要挑对自己杀伤力最强的原因呢？问问自己“可不可以用其他的方式来看这件事”。要质疑自己的想法，先要搜寻一下更多可能的原因，并把重点放在可以改变的、特定的、非人格化的原因上。记住，不客观的想法或认为常去找最糟、最有杀伤力的理由，并不是因为它有证据支持，而是因为这个理由最阴暗、最恐怖、最让你绝望。我们在第一时间意识到自己的抑郁思想后，需要自我训练一种反应，用的方法就是质疑加上合理归因。所谓的合理归因可以理解为在成功时倾向于归因为自己的能力和努力等个人条件为主，工作难度和运气等外在环境为辅；在失败时倾向于归因于外在环境为主、个人条件为辅，也就是更客观并让自己能进一步采取行动的解释方式。即打破杀伤力很强的、不客观的归因方式，训练自己去找寻各种可能的原因，并且把它们写下来。

乐观的解释风格是可以学习的。习得性乐观是指一个人把失败归因于外部的（而非个人）、可变的（而非永久）、具体的（限于特定的情况）因素的习惯。例如，一个乐观的人把他/她失败的原因归结于外因（环境或其他人）、那些可能不会再次发生的偶然因素以及某些不会影响他/她在其他方面成功的特定原因。与这种解释风格相联系的，有更少的抑郁症、更健康的身体、更好的表现（学术、体育或工作效率)、更大的人际关系满意度、更好的生活应对等。

(3)寻求抑郁想法的用处并转移注意

有的时候，抑郁想法的后果比这些想法是否真实更重要。这时，我们可以考虑这些想法是否对我们自身存在相当的破坏性。有些人因为感到世界不公平而非常痛苦，坚持这个想法可能会引起更多的痛苦，可以问问自己："它对我有什么好处呢?"有的时候，当你必须做一件事时，用"现在想这个对我有用吗?"替代"我这样想对吗?"如果答案是否定的，请选用转移注意的方法。

停止抑郁的想法或认为有两种方式：质疑和转移注意。从长远性和有效性来看，质疑的方法更有用，但是转移注意的方法可以用来应急。

转移注意是停止抑郁的想法或认为的一个简单而有效的方法，许多人都用类似的方法停止或中断他们习惯性的思维：有的人随身携带红笔写的"STOP"卡片；有的人在手腕上戴一根橡皮筋，当开始胡思乱想时，就用橡皮筋弹自己，等等。

其实当不好的事发生时，我们可以给自己安排一个时间去想它。比方说当一个抑郁的想法或认为一直在你心中翻来覆去、阴魂不散时，告诉自己"我可以等到晚上7点再想"；或者当意识到自己出现极端的、不客观的想法时，立刻把它写下来。写，本身就是一种发泄，"写"加上"安排时间去想"，会很有效。抑郁的想法或认为利用反复思虑的特性提醒你它们的存在。如果把它写下来，安排个时间去想它，它就失去了萦绕在你心中的目的，没有目的的东西对你的影响力就会降低。

所以，我们可以给抑郁安排日程表。当所有的抑郁的想法或认为让你无法去干任何事时，拿出日程表，制定和抑郁的约会。也就是说，写下：接下来两个晚上，每晚和烦恼约会15分钟。这样，如果抑郁的想法在下午1点、上午10点冒出来，你可以对它说："不好意思，你需要等到晚上7点，这之前我已经另有安排了。"

另一个办法是，详细列出可以改变这种情境的方法。如果这个想法是真的，那么这个情境可以改变吗？如何来改变它？

把你的反问问题、答案及可能的原因、处理方式说出来或者写下来。

请用更客观和更完善的想法和认为替换掉以上具有抑郁特征的想法，记住，客观的、完善的想法和认为有以下特征：确凿无疑；是有根据和符合实际的；能说明具有抑郁特征想法的荒谬之处。

第三节　完整地表达自己的想法

完善想法的目的并不是要使我们感到快乐和高兴，因为负性事件确实发生了，我们不可能因此快乐和高兴，且人也不可能总是快乐和高兴的，而是希望我们能更加现实地考虑目前的处境，以便将来我们能怀着自尊感去寻求快乐。

我们可以训练自己，让自己意识到抑郁思想仅仅是众多可能性论断之一。一个人的价值就在于他具有人性，因此我们实际上很难去评价整体的人，但我们可以评价人的行为、行动和表现。在这个世界上，没有一个人可以达到完美无缺的境地，所以我们可以接受自己和他人是有可能犯错误的、是有可能达不到自己的最佳预期的，但不能因为这样就从根本上彻底否定掉自己和他人。

> 心理学家们曾做过这样一个实验：在给小小的缝衣针穿线的时候，你越是目不转睛，全神贯注，线越不容易穿入。

这种现象被称为“目的颤抖”，目的性越强，就越不容易成功。实际上，我们做每一件事都不能保证百分之百成功。成功之前做好失败的心理准备，不是要放弃对成功的追求和向往，而是试图面对失败，在失败计划里藏下求胜的意愿、成功的契机。

【案例】

第二次世界大战中，盟军胜利登陆诺曼底后，最高统帅艾森豪威尔将军发表了激情的演讲：“我们已经胜利登陆，德军被打败。这是大家共同努力的结果，我向大家表示感谢和祝贺！”但

> 我们不知道的是艾森豪威尔还准备了一份讲稿："我很悲伤地宣布，我们登陆失败了。这完全是我个人决策和指挥的失败，我愿意承担全部责任，并向所有人道歉！"其实作战前，艾森豪威尔就做了大量作战失败的准备，包括上面的"失败演讲"，他把失败也列入战略内容。一个研究失败可能的统帅，会从客观上提出失败的种种可能，从而更好地保障成功。

有很多想法在脑袋里的时候，人会容易犯糊涂，这些想法互相矛盾，很杂乱，究竟哪些想法是抑郁的思想，哪些是合理的想法呢？有个很简单的办法能逐步梳理出想法的头绪，那就是把它们表达出来。至于表达的方式则可以自由选择了，比方说讲给自己或别人听，或者是写出来给自己或别人看，学着质疑，做出最后定稿，然后反复表达。

什么是合理的想法或认为？怎么才能向自己或别人表达自己真实的、完整的想法或认为呢？简单地说，就是先替换，再把话说完整。

替换是把话说得更客观、完整，并能让自己感觉更好的前提。替换指的是把一种说法换个方式说出来，并感受一下哪个方式更准确更客观一些，不断地换个方式说话并把自己选定的方式保留下来，一次替换一个，然后熟练，最后稳定下来。

"我的缺点是……"	→"我的特点是……"
"我应该……"	→"我想……"或是"可以……"
"因为我应该改掉很多缺点而且没有全改掉，所以我不好"	→"我有自己独特的个性特征，在某些时候可能会带来负面的影响，同时我可以把我的特点运用在适合之处。"
"我没做到应该做到的事，所以我不好"	→"我不能在所有时候所有场合都做到最好，但我想做得好一些，所以可以选择用心地想些办法去做事。"

“虽然在别人眼里我还不错，但是我自己觉得真的一点也不好。”	→“我没觉得自己有什么过人之处，同时也还不错，别人看着我觉得我也还不错。”
虽然，但是……（转折句）	→……，同时……（并列句）

学习完善想法并加以表达的自我训练内容可以如下：请拿出纸笔写下来，并读给自己听，说给别人听，或者给自己录音，这是锻炼思想的一个好办法。在你抑郁时写下或录下自己想说的话，隔一会儿你可以试试以下的自我训练内容，再看看或听听自己的想法。这是一件很有趣的事情，因为你肯定会大吃一惊地发现，真实的情况往往与你想象中的大相径庭。一遍不行就再来一遍。

意识到自己下意识反应出具有抑郁特征的想法或认为的时候，可以使用信号卡提示自己。你可以拿一张空白明信片或一张尺寸相近的白纸，分成左中右三栏，先填写中间栏，中间栏写下你的各种杂乱的想法，然后在这些想法中找到你最典型的抑郁想法填写在左栏，最后在右栏写下完善该想法的合理想法。针对你全部的抑郁观念，重复这个练习。

左栏（抑郁想法）	中栏（各种杂乱的想法）	右栏（完善后的合理想法）

左栏填什么？我们以情感需要的想法或认为来举例说明。没有人是绝对孤立的。有时，我们需要得到他人的关心，如果我们生病了、住进了医院，就需要他人照顾我们的身体；如果我们感到悲伤难过，

就需要别人的鼓励和安慰。我们既需要身体上的关心，也需要情绪上的宽慰。亲密的、安慰性的人际接触，能导致大脑中被称为内腓肽①的化学物质的释放，从而使我们感到舒适。

在正常情况下，他人的关心会使我们感到放松、平静。相反，让我们设想一下，如果我们对自己的情感需要持抑郁观念，结果会怎么样？这些抑郁观念包括：

- “没有人关心我。”
- “我的需要是无足轻重的。”
- “我是他人的负担。”
- “需要爱和安慰是可悲的。”
- “我不能独自生存。”
- “我将永远孤独。”
- “试图从他人处得到支持是幼稚的。”
- “需要他人的人是脆弱的。”
- “需要他人的人是贪婪的。”
- “我的需要令他人难以应付。”

---

① 内啡肽(endorphin)亦称安多芬或脑内啡，是一种内成性(脑下垂体分泌)的类吗啡生物化学合成物激素。它是由脑下垂体和脊椎动物的丘脑下部所分泌的氨基化合物(肽)。它能与吗啡受体结合，产生跟吗啡、鸦片剂一样的欣快感，可以止痛，等同天然的镇痛剂，而且具有如调节体温、心血管、呼吸功能等许多生理功能。在内腓肽的激发下，人的身心处于轻松愉悦的状态中，免疫系统实力得以强化，内腓肽也被称之为“快感荷尔蒙”或者“年轻荷尔蒙”。当运动量超过某一阶段时，长时间的、连续的、中量至重量级的运动时体内便会分泌脑内啡。深呼吸也是分泌脑内啡的条件。长时间运动把肌肉内的糖原用尽，只剩下氧气，脑内啡便会分泌。这些运动包括跑步、游泳、越野滑雪、长距离划船、骑单车、举重、有氧运动舞或球类运动(例如篮球，足球)。辣味会在舌头上制造痛苦的感觉，为了平衡这种痛苦，人体会分泌内啡肽，在消除舌上痛苦的同时，在人体内制造了类似于快乐的感觉，而我们把这种感觉误认为来自辣味本身，所以，很多人喜欢辣味食物。

这些抑郁想法包含了大量的自我标识："我的抑郁表明我是一个糟糕、软弱、无能的人，我从未设想过这事会发生在我身上。"我们把以上抑郁想法或认为填在信号卡的左栏。

中间栏例子如下：

- "由于我处于抑郁状态，所以我才会有这些感觉。"
- "这是我典型的抑郁反应——经常看到黑暗的一面。"
- "尽管我的感觉如此，但这不一定真实，事实上很多抑郁的人都可以过得不错。"
- "尽管我想一下子就好起来，但这未免有些急于求成。我可以把目标定得低一点，循序渐进。"
- "过分关注于'我永远也好不了'会使我感觉更加糟糕，因此，我可以关心自己能做什么，而不是不能做什么。"
- "听收音机、欣赏音乐、出去散步或从事其他文艺活动，是转移注意力的好方法。"
- "如果我能够学着循序渐进，我将能更好地控制自己的抑郁情绪，让我们行动起来，看结果会怎样。"
- "抑郁并不表明我糟糕、软弱或不正常，1/5 的人都会在某些时候陷入与我同样的境地，至少是在某种程度上。"
- "有许多证据证明，抑郁并不代表软弱或糟糕，温斯顿·丘吉尔也曾一度陷入抑郁状态，但他绝不是个软弱的人。"
- "我不可能这样对处于同一境地的朋友说话，我会尽可能理解并鼓励他们，给他们(及自己)贴上'糟糕'或'软弱'的标志是不好的，这是欺凌的一种表现。"
- "抑郁的时候，我总是关注于自身的不足，我可以学会关注自己所做的以及能做的方面。"
- "如果不再沉溺于抑郁观念，我会好起来。现在，我可以分散自己的注意力。"

上述观点在你看来如何？你脑子中是否有贬低它们的想法(典型

的抑郁反应)？你是否认为“有道理，但是……”，或“或许对别人有用，但对我没用?”如果你头脑中的确有这些想法，记住这是抑郁在说话。尝试一下会造成什么损失？你如何才能完善这些想法？

让我们再列举一些你可以记录在信号卡右栏的想法或认为。

- “我是一个人，是高等生物，我是复杂的；我经过了多年的学习和训练，得到了一定程度的发展，能够处理很多事情，因此，无法用简单的字眼判断自我和自我存在的本质，用简单、极端或绝对的词汇给自己‘贴标签’是不客观的。”
- “抑郁的时候，自我感觉会变得很糟糕，这是自然反应，并不说明我真的变得很糟糕。这是情绪化的推理方式。我或许感到自己没有价值，这并不是事实，因为同时我还是能做好一些事情的。”
- “抑郁的时候，我倾向于将注意力集中在抑郁标志上，同时我还可以看到并找出自己其他的特点。例如：我诚实、勤劳、有爱心——至少有时是这样的，这些特点和极端或绝对的自我评价是可以同时存在于我身上的。”
- “不那么抑郁的时候，我是如何看待自己的？或许没有理想中的那么好，不过至少比现在令自己满足。”
- “抑郁使我倾向于用极端绝对的想法或认为处理复杂的问题，看事物非黑即白、非好即坏，但我不是必须这样，我可以把它替换成更复杂、全面并客观的想法和认为。”

是的，左栏填写的是你典型的抑郁想法或认为，中间栏填写的是未完全成熟的有些杂乱的想法或认为，右栏填写的是经过整理后清晰而客观的完整想法或认为。下面是一则来访者的自述，应可以归于可在右栏填写的想法。

【来访者自述】

“我觉得自己的英语从听力、口语、造句方面都需要提高。我每天听一些自己喜欢的英文歌，里面有些短语表达明了；据说学英文最好的办法是听原著，我从Google上下了《傲慢与偏见》。现在我的重点放在听、看，注重它的句型、表达方式的新颖，思考着如何去表达，感觉自己更踏实一些。”

你可以随身携带你的信号卡(放在衣兜或包里)，必要的时候拿出来给自己鼓劲，帮助自己完善抑郁观念。有些人认为，把它们写在一张大纸上并挂在自己房间的墙上会有帮助。

下次发现自己存在抑郁想法时，可以提醒自己：虽然这些幻想的处境是你最恐惧的，但是它们几乎毫无例外地被夸大了。同时想象在那种情况下最糟糕的处境究竟是什么，在一步步滑向最糟糕的处境的过程中，你可以做哪些事情来改善糟糕的处境。别只想象而已，拿出你的纸和笔，列出所有糟糕的处境，并列出改善糟糕处境的N种办法，选取其中最容易操作的去做。

我们需要考虑的另一个问题是：有时，我们意识到自己渴望获得帮助，有必要求助于他人，但却不知该怎么做，也不知道自己真正需要的是什么。这的确要费一番心思，如果你不太清楚自己的需要，你可以考虑：“如果我真的找到一个能够满足我需要的人，我可以做什么呢?”这个问题十分重要，因为当你的一些需要得到满足，你就会感到高兴。

第七章

管 理 情 绪

情绪管理能力是指你对情绪的一些自我管理的能力。管理情绪，即是以恰当的方式来表达情绪，如同亚里士多德所言：任何人都会生气，这没什么难的，但要能适时适所，以适当方式对适当的对象恰如其分地生气，可就难上加难。据此，情绪管理指的是要适时适所，对适当对象恰如其分地表达情绪。

尽管一些情绪引发的行为看上去没有经过思考，但实际上思想是产生情绪重要的一环，而情绪是引发人们行动的动机。抑郁的思想产生抑郁的情绪，从而引发抑郁行为的产生，我们可以从抑郁情绪的管理入手打破抑郁的恶性循环。

【故事】

一位青年，看到死神正往前面的一个村庄前进，他很机警地询问死神去村庄的目的，死神面无表情地回答说：“我要从前面的村庄带走100个人。”

这位青年听完立刻拔腿向前奔跑，他用最快的速度赶到那个村庄，然后不辞劳苦地告诉每一个人，要大家小心，因为他也不知道死神会带走哪100个人。

第二天早上，当死神踏出村庄时，这位好心报信的年轻人堵在死神前面，带着不满的口气说：“你欺骗了我，你昨天明明说要带走100个人，可是为什么昨晚村子里死了更多的人呢？”

死神看了看年轻人，心平气和地说：“年轻人，我没有骗你，昨晚死的人只有100个是我名单里的，其余的都是被恐惧与焦虑带走的。”

这虽然只是个寓言故事，但从中我们可以看出，痛苦、恐惧、敌意、冲动、愤怒等情绪都能影响我们的思想和行为，如果我们长期被这些情绪过度困扰，就会严重影响生活品质，所以我们需要管理我们的抑郁情绪。

【故事】

某公司董事长为了重整公司一切事务，许诺自己将早到晚回。事出突然，有一次，他看报看得太入迷以致忘了时间，为了不迟到，他在公路上超速驾驶，结果被警察开了罚单，最后还是误了时间。这位老董愤怒至极，回到办公室后，为了转移别人的注意，他将销售经理叫到办公室训斥一番。销售经理挨训之后，气急败坏地走出老董办公室，将秘书叫到自己的办公室并对他挑剔一番。秘书无缘无故被人挑剔，自然是一肚子气，就故意找接线员的茬。接线员无可奈何垂头丧气地回到家，对着自己的儿子大发雷霆。儿子莫名其妙地被父亲痛斥之后，也很恼火，便狠狠地踢了自己家里的猫一脚。

这是心理学中的“踢猫效应”。心理学中有个原则叫“不要踢猫”，因为人的不满情绪和糟糕心情，一般会沿着等级和强弱组成的社会关系链条依次传递，由金字塔尖一直扩散到最底层，无处发泄的最小的那一个元素，则成为最终的受害者。一般而言，人的情绪会受到环境以及一些偶然因素的影响，当一个人的情绪变坏时，潜意识会驱使他选择下属或无法还击的弱者发泄。“踢猫效应”里有一条清晰的情绪传递链条，最终的承受者，即“猫”，是最弱小的群体，也是受气最多的群体，因为也许会有多个渠道的怒气传递到这里来。“踢猫效应”还有后续的故事，猫被踢了之后很不爽，跑出门去乱穿马路，正好碰上公司老董开车，老董为了避让它出了车祸，这个“一句话毁小说”式的结局告诉我们过度的情绪反应的受害者最终还是自己。而抑郁者所有的“糟糕”情绪最终都是指向自身的，是感觉到被伤害，甚至自己一直在伤害自己。

与具有抑郁特征的思想相同，具有抑郁特征的情绪也被我们的大脑当做很重要的记忆线索，这些情绪来得太强烈、太持久，很容易让我们记住。当我们处在抑郁情绪时，大脑会根据我们当时的情绪类型和强度记录下每一个片段，我们在今后经历相类似的情绪时，它便成为了一种强有力的提取线索。例如，当你沮丧时，这种情绪开始唤起你记忆当中所有类似的情绪低迷的片段，以前经历过的失败、被孤立，以及类似的不愉快，甚至是你回想不起来的过去的某个特定场景，都可能被唤出。因此，一旦抑郁，强烈的忧伤情绪将使忧伤的记忆浮现，这种记忆又会使你形成不客观的思维判断，倒过来加剧抑郁的情绪，导致抑郁行为的持续，从而会出现更为抑郁的思想，情绪变得更加抑郁，使得我们重新开始抑郁的恶性循环。

我们可以主动管理情绪，从而打断抑郁的恶性循环。

第一步：学会认识并分辨自动冒出来的抑郁情绪和自己真正想要得到的东西。

第二步：找到抑郁情绪影响自己的原因，采取合适的防御方式。

第三步：学会完整、客观地表达情绪和自己真实的希望。

第四步：采取行动主动增加安全感。

第一节 分辨情绪

情绪表现是抑郁者的最显著、最普遍的表现。抑郁者的情绪表现主要包括两个方面：抑郁心情和兴趣的消失。抑郁者的生活中，似乎充满了无助和绝望。如果让抑郁者描述他的心情，他往往会说："悲哀、无助、绝望、孤单、不幸、垂头丧气、无价值、丢脸、惭愧、闷闷不乐、羞愧……"

虽然抑郁者的基本情绪是抑郁，但他们的心情，或者说他们的抑郁心情随时间的不同而不同。即使在一天的时间里也会有所变化。一般来说，在早晨最明显，抑郁者往往觉得几乎没有力量从床上起来，随着一天的推移，情绪会慢慢好转一些，晚上的心情相对更好。

几乎和抑郁心情一样普遍的另外一个情绪表现是兴趣的消失：抑郁者往往体会不到生活的乐趣。过去感兴趣的事物，喜欢参加的活动，现在一点也不能引起他们的兴趣。兴趣的丧失往往是从某一些活动开始的，例如工作。但是，随着抑郁的发展，慢慢抑郁者会对几乎所有东西都失去兴趣。

抑郁者经常把抑郁当做是自己的软弱或失败。事实上，情绪是自我反抗的表示，抑郁产生的目的在于迫使我们停下来弄清楚自己是谁，将走向何方。它要求我们给自己定位，这虽然痛苦，却是产生转变的驱动力。"坏"情绪也是我们的客人，抑郁情绪的存在是有其作用的。真实的痛苦，可以让我们发现自己的情绪黑洞在哪里，如恋爱中的人们往往变得脆弱，缺乏安全感，更容易暴露自己的弱点，如人性、自我、孤僻等。一段刻骨铭心的恋爱会让我们获得成长，因为我们看到了自己的痛苦，然后借着恋爱的机会修正它。从这个意义上说，人们主动寻找伤害，实际上是在主动寻找成长契机，发现自己的痛苦根源，反躬自身，学习成长。抑郁者如果只能感觉到情绪伤害，一味地要求这个伤害停止，而不能看到成长契机时，会发现这种伤害感永无止息。

认真仔细地梳理我们自己的情绪时，会发现情绪实际上从来不仅仅是单一的，它往往包含着相互对立的另一种情绪。如侵略性对立的情感是渴望温柔和亲近，愤怒对立的情绪是觉得自己太委屈，抑郁者总是在表达生活平淡、苦闷，同时是在表达渴望意义和目标，渴望转变。我们开始读懂自己的情绪时，就开始迈出转变的第一步。

当你遇到不如意的事时，自然会感到不快；当你情绪低落时，或许会想些不愉快的经历。你也许会觉得愤怒或沮丧，因为你失去了工作、受到批评或被你爱的人拒绝，或者因为健康问题而必须住院。每当你感到忧愁、丧气、担忧或愤怒时，你的脑海里就会浮现出一些画面。

什么事会使你感到不开心呢？这也许发生在最近，或发生在你生活中的某个时刻。请描述一下你的遭遇，并尽可能说明：你和谁在一起？发生了什么事？何时发生？当时你在哪里？

接下来，请描述一下你是如何感受的。有些人感到自己的感受难以描述，确实，这是一件困难的工作。

下面描述情绪的词汇表将会帮助你分辨得更清楚。请看一下描述不爽情绪的主要用语：

愤怒：恼火　骂骂咧咧　气愤　怨恨　激怒　发怒　烦恼　恼怒　暴怒　憎恨

焦虑：担忧　害怕　恐惧　惊惧　恐慌　惊吓　神经质　心神不安

困窘：愚蠢　忸怩　紧张不安

内疚：害羞　愧疚　十恶不赦

无望：沮丧　悲观　绝望

寂寞：被遗弃　孤独　被拒绝

悲伤：自我评价低　丧气　不快乐　沮丧　失望　受伤害

痛苦：挫折感　灰心丧气　惧怕痛苦　压力感　精力枯竭　束手

无策

你可以选择最合适的词语来描述你的恶劣情绪，请在自己感觉到抑郁时列出尽可能多的词语。

每个人或多或少都有类似的不幸经历导致的恶劣情绪。情绪本身没有好或不好，情绪就只是情绪，只是如果你遭到拒绝时，可能会感到悲伤，并埋怨自己，因为你对自己说："是我不好，肯定是我做错了什么。"你也可能感到愤怒和挫败，因为你对自己说："生活真不公平。这些不公平为什么总是发生在我身上?"也正是由于这些想法导致我们产生了具有抑郁特征的情绪。决定我们情感的更多的是我们想问题的方式，而不是实际发生的事件。真正的问题是，你现在要做什么？现在你的选择是什么？因为你可以继续专注于过去，也可以专注于现在想要的事物上。

100 个人看《红楼梦》能产生 100 种不同的情绪，不是《红楼梦》的文字本身诱发了我们的情感，是我们对文字的不同理解诱发了不同的情绪，是因为特定的想法决定了特定的情感，是我们的想法，而不是外部事件，改变了我们的心境。

人们通常认为抑郁情绪仅仅是情绪低落或是感觉饱和——这只是抑郁的一部分。事实上，抑郁的核心特征被称为"缺乏快乐"，指丧失体验快乐的能力。我们会感到生活变得异常空虚，毫无快乐可言。然而，尽管我们丧失了体验快乐的能力，但我们对不快乐的感受力却与日俱增。

例如，我们或许会将满腔的不满与愤怒闷在心里，有时却又变得异常暴躁，甚至对亲人大打出手。过后，我们又会因此痛悔，陷入抑郁的恶性循环。有时，怒气过后，尤其是对孩子发脾气，我们会感到内疚，为了弥补，我们常常允许他们做一些平时不允许他们做的事情。这样做的结果往往会事与愿违，因为孩子们可能会利用这一点，从而引发我们另一轮的怒气。因此，如果有可能，我们可以为自己发怒的行为道歉，同时试图按平时一贯的要求或标准处理发怒的对象，包括人和事。想象一根线条，开始是白色的，逐渐变为粉红色，到末端变为红色。在白色一端，没有任何情绪成分，任何事都无所谓，是情绪低落的表现；而在红色一端，则是暴怒，是感觉饱和的表现。愤怒本身不是“全或无”和“非黑即白”的，它是粉红色的。

抑郁的另两个常见情绪是焦虑和恐惧。抑郁的时候，我们会变得脆弱。过去我们很容易应付的事情，现在却莫名其妙的令人恐惧。因此，焦虑和恐惧是抑郁的重要组成部分。此外，与抑郁相关的其他情绪还有悲伤、内疚、羞耻、嫉妒等。

情绪是伴随人们的想法产生的，情绪上或心理上的困扰是不客观的、不合逻辑的极端想法或认为造成的。大多数令我们不爽的情绪来自于不客观的想法。我们已经知道只有自己的想法才能困扰自己，而且特定的想法产生特定的情感。当我们感到烦乱时，想法常常是不客观的，即使这些想法确实很真实。换句话说，当我们感觉不好时，却没有意识到其实是在自己骗自己。而像沮丧、焦虑、内疚、绝望感、挫折感和愤怒这类情绪，常常由不客观的想法引起，当我们的想法客观了，就能促发情绪情感的转变，使自己处在情绪的粉红色区域。技巧在于将自己控制在线条的某一位置上，既不是白色区域，也不是红色区域。调节情绪好比开车，你需要学会如何驾驶，既不能到哪儿都以每小时100公里的速度行驶，也不能因为害怕，把车锁在车库里。

抑郁情绪最开始产生时都有具体原因，比如工作不顺利、被领导批评、与朋友产生摩擦等，而如果这些情绪得不到及时的表达和处理，就会演变为一种泛化①的抑郁情绪，像“内心深处，我感到不安，

---

① 泛化是指条件反射的泛化，是行为主义心理学的概念。行为主义认为，人的行为发生，遵循刺激—反应原理，各种心理和行为反应的对象就是外在的刺激物(环境、生活事件等)，或者说这些刺激物引起了这些反应。从心理咨询角度来说，所谓泛化指的是引起求助者目前不良的心理和行为反应的刺激事件不再是最初的事件，同最初刺激事件相类似、相关联的事件(已经泛化)，甚至同最初刺激事件不类似、无关联的事件(完全泛化)，也能引起这些心理和行为反应(症状表现)。

充满了焦虑与恐惧，我不知道这是为什么”，而这种泛化的情绪逐渐会成为生活的底色，“我”会越来越难感到快乐。

管理抑郁情绪的第一步就是要有意识地注意到抑郁情绪的发生和存在，并分辨出这种情绪想要表达的是什么，在这样的情绪状态下你真正想要得到的是什么。一旦你了解并去注意这种情况，你就开始管理你的抑郁情绪了。

由某种角度而言，情绪反应是防御性的，如愤怒是我们对阻碍、苛责、忽视以及驱逐的一种防御反应。而处于防御状态下，我们常常采用“安全胜于后悔”的思维模式，这时我们的情绪更容易被激发。这就是为什么许多心理学家认为盛怒的外表下常常有一颗脆弱的心。自信的人由于较少感觉到威胁，因此很少发怒。愤怒意味着我们感到自己所受到的阻力或威胁太“烫手”，难以控制。我们可以学会分辨自己为何会感觉受到威胁，然后开始调节我们的情绪敏感性。

为小事大发脾气是有心理学上的原因的。让我们看一下一对小夫妻的例子：夫妻为丈夫是否做家务事吵架，妻子内心的想法是“如果老公在乎我，他就应当帮忙做家务”。很显然，妻子的愤怒不仅仅是针对家务的，而是她将老公的不做家务的行为看做是不在乎她、心里没有她的表现。所以，我们可以反思自己究竟为何事愤怒，在愤怒的情绪下究竟想要得到什么，下列问题将对你的反思有帮助：

- “在此情境中，我在乎的哪些事件或感受可能会受到损害？我现在的情绪是什么？”
- “假设我无法改变局面，这将对我有什么影响？”
- “如果令我愤怒的事件发生了，我将如何评价自己？我是否对自己做抑郁评论？”
- “我将如何评价他人？我如何推断他人的动机？”

另一个对你有帮助的问题是：“这种情境对我有何伤害？”

我们为何会盛怒，以致达到线条上的“红色端点”？引发愤怒的常常是小事，我们常为一些小事暴跳如雷，好像我们的愤怒膨胀了。

有些抑郁者会出现“愤怒发作”，他们会莫名其妙地大发雷霆。一些研究者认为，愤怒发作与抑郁本身有关，抑郁常伴随相应的生理变化。还有一种现象是，某些服用抗抑郁药物的病人，脾气会变得更坏。如果你发现自己在服用某种抗抑郁药物后变得更加易激惹，你可以去找医生，他们会建议你换另一种药。

请看看我们的想法与情绪之间的关系。

想法与情绪关系表

情绪	引起这一情绪的事件	什么想法导致了这一情绪	真正想要的
悲伤或抑郁	爱情受挫，所爱的人离世，工作或经济问题，衰老，健康状况不佳	“没有了所丧失的东西，或失去了深爱的人，我将永远无法快乐。” “我不如别人或我很讨人嫌。”	“我能生活得更好。” “我比别人好或者和别人一样好。”
内疚或愧疚	伤害他人的感情，或者违背了自己的道德标准	“这是我的错。”“我本不该那样做。”“我很糟糕。” “我害怕别人发现自己的真面目，必须隐藏自己的弱点。”	“我不想伤害他人，也不想被他人伤害。”
挫败	事情常常没有期望的那样好，火车晚点，节食没有效果，或朋友没有兑现承诺	“我认为事情应该……”	“我的努力能够有看得见的效果。”
愤怒	不公正地对待、虐待、拒绝或被利用	“我是无辜的受害者，我很委屈，我应该得到更好的对待。”	“我想被更好地对待。”

续表

情绪	引起这一情绪的事件	什么想法导致了这一情绪	真正想要的
焦虑、烦恼、害怕或恐慌	对自己的健康、工作、表现或别人对自己的看法有非理性的害怕和恐怖，如恐高、洁癖等	感到危险并且对自己说将会大祸临头(如“是否我的胸痛是不治之症?”“是否在我当众讲话时，我的脑中会一片空白?”	“我想对自己的生活更有掌控力一些。”“我想自己更加自信一些。”
孤独	几乎没有朋友，或刚刚与自己在乎的人分手	“我无法得到他人足够的爱与关注，因此感到不快乐。” “我和他人完全不同，难以接近他人，在人群中感到很孤独。”	“我希望得到他人的爱和关注。”
绝望感或丧气	个人问题，如婚姻不幸，工作受阻或难以掌握一门新技术	“我的境况很糟糕。” “我的问题永远无法解决，而且我永远都是个不幸的人。”	“我希望我的生活能更好一些。”

谁应该对你的情绪负责？实际上是你自己，你对事件或事物的看法和态度决定和影响了你的情绪。心理学中有个“90/10 原则”，指的是 90%以前的事件和以前的看法和态度引起了你的情绪反应，而不是当下的 10%。

抑郁者如果不去了解并面对情绪伤害，去找寻自己真正想要得到的东西，而只是寻找创伤替代物的话，会发现这种伤害感永无止息。当我们体验痛苦情绪时，也可以看到它给我们带来的好处。

还记得前面经典的两可图吗？当我们试图去看到人像(花瓶)的时候，其余部分的影响就开始褪去；当人们开始专注于去得到他们想要的事物，他们不想要的部分就会褪去。你也许会想："嗯，这很好，但我做不到。"、"是他/她不让我做！"、"现实条件不允许做那样的事"、"我不够强大，我做不到"、"我还不够富有到能做那件事"、"我不，我不能，我不够，我不……"当你说了"不"之后会发现结果往往就是你想的那样。这时，我不得不问你：你真的想改变吗？

抑郁者理智层面极其渴望改变，但潜意识里是害怕改变的。这就是最真实的抑郁者的心态。害怕什么？在旧有的环境中虽然不好，但熟悉，而新的改变将会是什么？新的改变将会带来许多不可知的东西，会让人失去控制感，变得无所适从。害怕改变，意味着有不想改变的想法。所以我们其实是矛盾的，我们在想改变的同时，也不想改变。意识层面我们渴望改变，可是无论怎样努力我们都无法改变，认为有什么东西阻碍着自己，可是又说不清道不明是什么。其实是我们自己潜意识中的恐惧情绪无时无刻不在干扰我们的改变和更新，因此，我们宁愿选择一条简单的出路，一条不作正面对峙，而是选择默默离开的、不合理的"捷径"。没有目标、没有动力的生活固然不美妙，可一旦有了目标和动力就需要无止境地付出努力。付出是辛苦的，没有了"捷径"的随性和自由，"疾病"固然可恶，可"疾病"也让自己获益，让我们获得亲人更多的关注。所以抑郁者实际上做出了选择：呆在现在的状况里。

在抑郁状态下，我们需要在关注自己的情绪的同时关注情绪本身想表达的内容，如果我们只关注愤怒，将会忽略愤怒是与受伤感的敏感度相关联的这一事实。事实上，我们利用愤怒勾勒出我们对于被抛弃、被忽视、被伤害的深层恐惧感。抑郁状态中，愤怒的背后常常是创伤，而我们为创伤经历感到悲痛、羞耻，如果一个人能够认清自己，悲痛、愤怒与抑郁的感觉都会减轻。

如果更多地关注愤怒表达的受伤感，我们将会对愤怒有更深层次的洞悉。愤怒的第一个反应是责备他人，但抑郁者通常都会为发怒而感觉不良，其实这些不良的感觉告诉我们：

- “发怒会令我感到沮丧。”
- “这说明我内心脆弱。”
- “发怒并没有使我变得很糟糕，我如果那样认为，说明我是用了过分概括化、全或无的思维，并且给自己贴上了标志。”
- “只是在此时此刻，我的这种行为显得有些粗鲁。”
- “我得记住：有时我也会关心他人，为自己或他人做些积极的事。”
- “我真正想要的是能被他人关心。”

认识、分辨也是动词，也需要你把对自身情绪的认识或者分辨写下来或是说出来，可以尝试套用上面给出的想法和情绪表。记得要行动哦！

第二节 找到原因，适当防御

我们的烦恼并不是由不良经历直接引起的，而是由于我们的想法造成的。换句话说，这个世界上只有一个人能使你感到沮丧、忧虑或愤怒，这个人就是你自己。这个简单的观点可以帮助我们更好地处理自己的情绪。

人总是在两种力量之间矛盾着。一是我安全，我信任，所以我平和，我接受，我理解，我包容；另一种是我不够安全，不够相信自己，所以我防御，因为我不愿意接受我不好。抑郁者更经常处在防御的力量里，如当别人评价自己时，重叠的是“我又挨批评了，我又犯错误了，他不喜欢我”等的自动思维，所以第一反应是“别人认为我不好，别人在攻击我，别人是故意的”，这时感觉很不好，情绪变得糟糕。其实内心的想法是“我自己不够好”，但是重叠了过去的一些不良经历，并且重叠了过去的不好感觉，情绪就跳过了这些过程直接变得糟糕了，抑郁的情绪就是过度防御的结果。

科幻小说《星际旅行》中斯波克先生非常理性化，而其人类同伴都很“情绪化”。可见，情绪是属于人类的。然而，这不等于情绪化判断优于或次于理性判断，而是两者各有特点，只不过有时情绪化思维会使我们陷入情绪的陷阱。因此，虽然我们不需要消除我们的“情绪化”，但可以对白色区域和红色区域的情绪加以调控以达到粉红色区域。

其实在我们的内心中都有着看似矛盾的自我。在内心充满恐惧，性情无比固执的同时，我们的身体里，仍有一部分神奇的力量，也许这力量很小，但它推动着我们心智成熟，它喜欢改变和进步，向新的未知的领域探索。同样，不管我们表面看起来多么积极寻求改变，同时我们身体里也始终有另一股力量，它不想让我们付出任何辛苦，坚守熟悉而陈旧的过去，害怕任何改变和努力，宁愿为此付出无效、停滞甚至退化的代价。抑郁者试图抹掉这个看似矛盾的自我，只想留下“好的”、“积极的”的情绪，想彻底否掉所谓的“不好的”、“消极的”那部分情绪，而事实是“好情绪”、“坏情绪”本身就是我们人性的一部分，不可能被抹掉，而抑郁者不想接受这一点，以至于要么陷在情绪的白色区域，要么困在红色区域，内心冲突加大。

例如，当我们感到自己受到了严重的伤害时，我们的愤怒转化为憎恨。我们开始想伤害他人，这对于抑郁者来说是不能接受的，抑郁者会觉得有这种想法的自己是很可怕的。李某因为过去父亲的虐待而憎恨父亲，他曾幻想父亲的死亡，但是他渴望被爱；同时他把自己的憎恶，以及各种恶毒的想法看作自己很坏的证据。他的想法如下：

- “憎恶父亲是不对的。”
- “我不应该那样想。”
- “这不正常，别人不会喜欢这样。”
- “我的憎恨如此强烈，说明我很恶毒。”
- “我不能把我的想法告诉别人，否则他们会认为我很恶毒。”
- “我憎恨自己这样恨别人。”

他竭力地想去压制自己的憎恨情绪，可是越压制，内心里憎恨的种子就越要发芽。像这样，由于心理的欲望与阻碍这些欲望的现实发生了冲突，造成我们的心理不平衡，冲突越大，心理越不平衡，情绪就越会影响我们。

为了消除这种冲突，我们必须寻求保护自身、部分满足愿望的方法，这种方法就是我们的防御机制。防御机制是指个体面临挫折或冲突的紧张情境时，在其内部心理活动中具有的自觉或不自觉地解脱烦恼，减轻内心不安，以恢复心理平衡与稳定的一种适应性倾向，常在无意识状态下不自觉地用来保持自身心理平衡的心理机制。心理防御机制能够使我们在遭受困难与挫折后减轻或免除精神压力，恢复心理平衡，甚至激发主体的主观能动性，激励主体以顽强的毅力克服困难，战胜挫折。同时我们也可能因压力的缓解而自足，或出现退缩甚至恐惧而导致心理失衡。自我们出生，防御机制就开始发展。

防御的起因与外部环境、事件、任务有关，但是它们并不直接产生压抑，而是迫使“自我”产生压抑。“自我”是心理的中介机构，需要调整个体想得到满足的愿望与外界条件是否允许的矛盾。“自我”利用防御机制调节心理冲突，恢复内心平静。所有的人都会不自觉地用防御机制将痛苦的情感和记忆排斥于意识之外，人们处理冲突时，比较偏爱某种特定的心理防御机制和情绪调节方式。

- 压抑

压抑是主动地将痛苦的记忆、情感和冲动排斥在意识之外，从而防御痛苦。痛苦的洪水在压抑的堤坝下积累，当积累到压抑的堤坝不能再阻拦时，痛苦的洪水就会一泻千里，无法收拾。压抑得越深，导致的偏见和成见就越多，痛苦的洪水就越可怕，因此，痛苦的洪水是需要适时泄洪的。

- 感情隔离

感情隔离是将与过去的痛苦记忆相关的情感从意识中隔开的过程，因而只能记住痛苦的事实，而被压抑的情感无法感觉到。如地震的幸存者获救之后可能说不出自己当时的感受，只是记得自己被困在废墟下面。

- 否认

否认与压抑类似，否认阻挡了我们对痛苦观念或情感的注意，暂时性使它们与意识分开。运用否认，我们不再理会痛苦的现实，自己欺骗自己，装作它们根本不存在。但是这只是暂时的，我们无法永远不理会痛苦的现实，欺骗自己一辈子。许多人面对绝症或亲人的死亡，就会本能地说“这不是真的”，用否定来逃避巨大的伤痛。其他如“眼不见为净”、“掩耳盗铃”，都是否定作用的表现。

- 退行

退行指的是个体在遭遇到挫折时，表现出其年龄所不应有之幼稚行为的反应，是一种反成熟的倒退现象。例如，已养成良好生活习惯的儿童，因母亲生了弟妹或家中突遭变故，而表现出尿床、吸吮拇指、好哭、极端依赖等婴幼儿时期的行为。适度的梦想和空想都属于正常的暂时性的退行。

- 投射

投射，即为了缓解自己的情绪，把自己的想法归咎于别人。如努力寻找他人对自己看法的蛛丝马迹，如果觉得自己被拒绝了，就会想不是我不想和他们和平相处，是他们不愿意和我和平相处。

- 躯体化

指心理冲突表现在除感觉器官、随意肌①系统以外的躯体的症状。如全身痛却找不出病因。

- 反向作用

反向作用是以一种夸大的情绪方式来抑制与其相对应的另一种情绪倾向，如微笑抑郁。问题是我们这样能撑多久，我们会发现，我们越抑郁、试图笑得更多，就会越累，总有一天会超出自己的极限，那就是我们垮掉的一天。反向行为，如使用适当，可帮助人在生活上适应；但若过度使用，不断压抑自己心中的欲望或动机，且以相反的行为表现出来，轻者不敢面对自己，而活得很辛苦、很孤独，过度使用将形成严重心理困扰。

- 合理化

当个体的动机未能实现或行为不能符合社会规范时，尽量搜集一些合乎自己内心需要的理由，给自己的所做所为一个合理的解释，以掩饰自己的过失，以减免焦虑的痛苦和维护自尊免受伤害，此种方法称为“合理化”。换句话说，“合理化”就是制造“合理”的理由来解释

---

① 随意肌，指脊椎动物的受躯体神经系统直接控制可随意运动的肌肉。

并遮掩自我的伤害。事实上，在人生的不同遭遇中，除了面对错误外，当我们遇到无法接受的挫折时，短暂的采用这种方法以减除内心的痛苦，避免心灵的崩溃，而且在找寻“合理”的理由时，也可能找到解决问题的方法。不过，若常使用此机制，借各种托词以维护自尊，终非解决问题之道。酸葡萄、甜柠檬心理都属于合理化的防御。

- 推诿

推诿，俗称找理由，即将个人的缺点或失败推诿于其他理由，找人担待过错，以求自我心理之平静。例如，学生考试失败，不愿承认是自己准备不足，而说是老师教得不好、老师评卷不公或考题超出范围；喜欢应酬、饮酒作乐，说是为了生意或工作联络感情；球赛输了，说场地不好、裁判不公；老师体罚学生，说“爱之深，责之切”。

压抑、感情隔离、否认、退行、投射、躯体化、反向作用、合理化、推诿等我们无意识采用的防御机制，都可以使我们暂时缓解情绪，在事件或情绪发生的短期内对我们有效并有利，短时间内可以维护内心的和谐，但从长期效应看，可能以下的几种防御机制的效用更佳。

- 理智化

我们可以有意识采取理智化的防御机制，指的是在体验和谈论冲突的话题时，试图就事论事。

- 升华

我们可以有意识采取升华式的防御机制，指的是把为社会所不容的冲动和欲望的能量用于为社会所允许的活动中，尤其是创造性的工作中，这是最健康的防御机制。与其他防御机制不同，它不反对本我，也没有自我的压抑，冲动的能量直接转用于社会。如艺术是性欲的升华，拳击是攻击欲望的升华，摄像是窥探欲的升华等。歌德失恋之后，痛苦不堪，他选择了写作创造自己的快乐和满足，创作出蜚声世界的名著《浮士德》。

- 补偿

我们可以有意识采用补偿的防御机制。当处于抑郁情绪之中时，可以找自己擅长的活动，努力找回自己的成就感，以此来补偿在其他方面所缺失的成就感。如果你擅长下棋，就可以找别人陪你下棋，将对方杀败，你的成就感会油然而生。

- 诙谐

我们可以有意识采用诙谐的防御机制。即在让自己和他人不觉得难为情和不愉快的前提下，将自己的感觉幽默地、公开地表现出来。幽默有时候是自嘲，很容易缩短与周围人的距离，而且能够帮助自己有效地寻求社会支持。

- 转移

我们可以有意识采用转移式的防御机制。即将一个人的情感从真实的对象转移到较为安全的对象上去，如宣泄室的假人等，向他人抱怨、倾诉也属于转移的一种。

- 回避

我们可以有意识采用回避式的防御机制，即与危险的情况或客体保持一个安全距离的反应。与不喜欢的人约会时的经常迟到，就是我们无意识回避的表现，无意识回避是判断“正常的喜欢和讨厌”的结果。而我们可以有意识采用回避式的防御机制，如美国心理学家菲尔德提出的一种情绪调控法：当你意识到你处于抑郁之中时，立即逃离产生这种情绪的情境，寻找一个地方做练习。认真观察周围的景色，在心中默默地自言自语：这是一面白色的墙壁，那是一棵绿色的大树，那是一朵红色的玫瑰……一直描述到满 12 种颜色的事物为止。大约半分钟后，你的大脑就可以逐渐恢复正常的思考。当然，如果不能离开当时的情境，也可以尽力数自己周围物体的颜色，或者在心中尽可能地想象自己见过的、喜欢的颜色，以此来创造快乐或满足的情绪。

- 抵消

我们可以主动选择抵消的防御机制，指在无意识里感觉到自己的攻击欲望给对方带来伤害时，为弥补已给对方造成的伤害而采取恢复原状的行动。如在伤害到对方时主动提出双方都能接受的补偿方式。

防御机制在生活中无处不在，合理的心理防御机制和不合理的心理防御机制之间并不存在明确的界限，如何在合适的时候选择合适的防御方式是关键所在，能意识到自己不自觉采用的防御机制，并有意识在情绪产生的不同时间选择不同的防御机制可以有效地维护我们的心理平衡，从而避免因情绪的过度失衡而导致抑郁的发生。

从了解自己开始，请你审视一下自己惯用的防御方式，写下来或是说给自己听，然后决定是否需要做出不同的选择，使你的生活多一些美好。

第三节 认识你的客观情绪及真实希望

【来访者自述】

（女，28岁。）“很多年都没有哭过了，都不太记得上一次哭是什么时候，但觉得一直都闷闷的，说不上不舒服，只是习惯了。可上次咨询完之后，我开始想把这些年的想法都讲给妈妈听，越来越想，连草稿都打了，可还是有点害怕，就选择了打电话。真拿起电话，还没说上几句，就哭得稀里哗啦，妈妈一听到我哭也在那边哭，我们就这样哭了好久好久，至少哭了大半个小时，慢慢开始能边哭边讲了。讲的内容都不太记得了。后来能慢慢平静些。只记得跟妈妈说了：‘妈妈，我只是想讲给你听这么些年我的感受，说得让你伤心的别往心里去，我讲出来就舒服多了。’这是真话，结果我妈妈说：‘妈妈谢谢你能跟妈妈讲，能跟妈妈哭。你都不知道这么多年你安静得让妈妈难过得不得了。’我的眼泪唰的又下来了，不停地跟妈妈说：‘妈妈我最喜欢你了，妈妈我最爱你，你是天下最好的妈妈。’我都不敢相信这是我说的话，从小到大没说过的，那一下子就说出口了。”

【来访者自述】

（男，28岁，在读博士。）“常常情绪低落，想改变……高中是复读了的，当时很崩溃，觉得什么都没意思，高考也不想考了，记得有一次去姐姐家住了两天，心里很空洞，觉得将来也没戏，做什么都没底气……前几天下雨，按跟您说好的约同学去打球，看电影，但那天不太顺，结果是回宿舍打了一把伞在校园转了一圈，感觉好了一些……昨天做了一个专业实验，我们组的三个人是第一个做完的，这时第一次体验到团体合作的快乐……周六和同学呆了一下午，就聊天而已，回来发现这个过程比我当时预期的要好，有点留恋，所以和另外的同学约好这个周末抽时间再聚一下……本周去打了四次球，后来想想有点神奇，以前不会想到在我身上会发生这样的事情，腿好疼哦。其实当时本意是都跟老师说好的，还是去打球吧。按您说，先去打，再感受，再来评估。确实从来没想到我会一周去这么多次，还不感觉勉强。”

【来访者自述】

“周二打着找工作的名义逛街，都在聊着，感觉蛮好的……和同学约着看美剧……买了小面包，很好吃的……刚才来的路上还跑步来着……和对面宿舍同学走得很近，孤独感好很多，他们会给我留位置的。”

人的情绪是自然发生的，情绪会自主地去寻求表达与宣泄的满足，如果达不成，就会产生不协调性，那些被掩盖的真实情感如忧郁不仅没有远离，随着时间的推移，反而越来越深地积累下来，当积累到一定的程度，内心没有办法继续承受时，心理能量要寻求出口，才产生了各种抑郁的情绪体验。

如表情是对情感的表达，而当自身产生了不开心、难受等人人都会有的情绪时，仍然要用不与之匹配的“微笑”表情去面对，不但使不开心情绪不能被表达，更会造成情绪体验的失调，造成不开心情绪难以消退；而对“微笑”这一表情的要求，长期以来与自身的感受隔离，特别是一些不开心情绪得不到表达和管理，使“微笑”这一原本是表达快乐和善意的表情与自己实际的心境形成了一定落差，随着时间的积累，会表现出一定程度的社会功能受损，比如独处时抑郁心情、不收拾居住环境、虐待小动物等；如果继续发展，则可能达到严重抑郁。由于不协调的情绪处理模式，无法消退的不开心情绪不断累积，就好像一个不断蓄水的坝，无论大坝有多大，总有积满泛滥的一天，于是就出现了“微笑抑郁”。

一个社会人不可避免七情六欲，只要合理地宣泄和调整，达到一个动态的平衡，就能维持一个人基本良好的社会功能和相对稳定的平稳心境。许多抑郁的人对语言交流和非语言交流都过度敏感，他们不断地寻求鼓励，对缺少鼓励异常敏感，他们很容易因他人传达的言语信息和非言语信息感到沮丧。抑郁使我们过分关注他人的评价，而言语信息和非言语信息都被我们看做是识别他人评价的重要线索。害怕被人讨厌是非常令人难过的，它意味着无法公开自己的需要，无法公开向他人求助，也无法获得足够的环境支持。有时，一些来访者来咨询，他们不是努力分析自己的感觉及其原因，而总是担心麻烦心理咨询师，气氛会变得很尴尬。这种尴尬有时是因为羞耻；有时是因为担心他们自己的问题太多、太复杂，心理咨询师无法应付；还有的时候是因为缺乏信任感，他们认为，尽管表面上心理咨询师对他们很好，内心却会认为他们浪费时间，且向他们隐瞒了自己的真实感觉。

有时，人们感到无法表达自己的真实感受和想要的东西，这是因为他们顾及别人的想法，害怕被别人看做是自私、不可爱或无能的人。事实是，我们每个人都需要表达自己的情绪，需要获得自己所需要的帮助。有时，我们需要学会如何表达自己的想法和感受，如何让他人帮助我们。你认为你的家人会因此批评你吗？你有这方面的证据吗？即使有，也只说明他们对你要求太高。而且关键问题在于，如果他们指责你，你不一定要当做事实来接受。或许他们无法理解抑郁的感觉有多么糟糕，但不等于他们有权论断他人。当然，如果你向他们发怒或攻击他们，只会激起他们的防御反应。但如果你坦诚相待，他们会理解你的。问题是，你试过吗？

【来访者自述】

（男，20岁，SCL-90参考诊断为轻度抑郁。）“父母务农，有两个姐姐，父母关系蛮好的，虽然也有吵闹；两个姐姐都出嫁了，对我都挺好，但我自己的想法几乎没有讲出来过。”

【来访者自述】

“我的脾气不好，经常为一点不是事的事大发脾气，有些情绪冲不出来的感觉，好像有些事情总是发泄不出来，觉得全身上下憋闷，又没有办法，习惯了不跟别人讲嘛。”

【来访者自述】

“每天都哭好几回，不知怎么跟父母讲以后的发展，爸爸不怎么管我，抱着我爱怎么着就怎么着的态度。”

【来访者自述】

“来咨询是因为需要一个局外人的眼光矫正一下，免得一个人想太多了，存在心里有点承担不了。独立承担这些是一种很孤单的感觉，说出来有好处，跟其他的人一起讨论让自己不一样了。”

【来访者自述】

（女，大三学生。）“有一次在图书馆看书，没看多久突然很难受，看不下去，那种难受包括担忧、愧疚、烦躁等一大堆情绪。那时是一个人。后来回宿舍，对面宿舍同学过来一起做了点什么就好多了……有天下午和同学去了××咖啡厅聊了一下午，很开心；学生会的工作很上心的那种，原来在那里很没有存在感；活动结束后，有成就感，有东西从自己手上产出……最近睡眠不错，虽然很累，没觉得心里难受，也会休息了……轻松了很多，大学生活也可以很丰富的。”

弄清楚在你关注自己的情绪时，大脑中出现了什么观念，问自己：“如果我的情绪会讲话，它将说些什么？”把它们说出来或者写下来。

心理学有个名词是“倾诉”，倾诉是表达的一种方式。为什么要倾诉？人的心灵如同大大小小的容器，每个人的承载能力不一样，装得太少就会空虚寂寞，装的太多又会烦恼、焦虑。抑郁的时候表明这个容器有点不堪重负，就需要倒出一些东西来，使它变得轻一点儿，然后才能装进更有活力更阳光的东西。每个人都有这样的经验：当情绪能够表达出来的时候，我们会好过很多。倾诉可以梳理自己的内心世界，让混乱的思绪得以平复和理顺，同时还能获得来自外界的支撑。

谁是最佳倾诉人选？倾诉对象要值得信赖，能够为你保密，否则，只能给自己增添更多的烦恼和后患。倾诉对象要善解人意，具有一定的包容性，不论倾诉者说出怎样的想法，他都会试图去理解和接受。这就会给人安全感，有利于倾诉者自由表达想法，重新审视事情。倾诉对象最好是比倾诉者更成熟的人，能给倾诉者提供一些解决办法，或者提供一些新的观点，引导倾诉者从另一个角度去看问题，使其成长和超越。如果选择的是同病相怜的人，或者更不成熟的人，反而可能增添倾诉者的苦闷。

如果实在不方便向他人倾诉，我们也可以做自己的朋友，进行自我对话。生活中，写日记这种自我消化痛苦、化解烦恼的方法是人们最常用的。如果困惑和痛苦太深，可以找心理咨询师寻求专业帮助。虽然这种方式的成本较高，但却具有积极的意义。心理咨询师的专业知识及丰富经验，可以使当事人得到更好的理解和帮助，而且安全性较高。

心理咨询师做的一件很重要的事情，就是帮助来访者了解自己的情绪，并有效地表达出来。

但是，我们也常看到与压抑情绪相对的恣意的情绪宣泄。这样的表达，看起来可以让我们的情绪得到释放，但是当对方反唇相讥的时候，我们会调动更多的能量把战争进行下去，本来就不平衡的心态会变得愈加不平衡。

表达情绪是为了恢复自己的心态，这既是出发点，也是归宿。在心理上，喜怒哀惧各种情绪也都要有，才能保持心理平衡。只不过，我们从小被教育得似乎不允许有负面情绪，所以，我们都会排斥它们，但这实际上是不利于心理平衡的。我们可以允许各种情绪存在，就类似于可以让自己的口味变得更丰富一些一样。

情绪表达是对事不对人。用球类运动做比喻就是“打的是球，而不打玩球的人”。我们表达情绪是表达自己的愿望或伤痛，不是警告他人，不是指责他人，不是攻击他人。在指责性的表达中，我们通常会用“你”开头，后面是指责对方的内容。如：

你是一个愚蠢的人。
你就是没头脑。（全或无的思维）

你让人无法信任。（过分概括化，折损积极方面）

你是自私自利的。（全或无的思维、过分概括、折损积极方面）

这种以“你”开头的表达方式都是对他人的攻击，而他人会在感觉到被攻击时，采取防御行为。他们会丧失对你的兴趣，转而关注于如何保护自己，从而反击你。

自信者很少关注威胁或攻击他人，他们更关注于自身以及与他人的关系如何。因此，如果我们愿意，可以更关注于自己的受伤感、痛苦之处，以及如何让他人理解你的观点和感受，并且不要奢望他人必须同意你的观点。

我们怎样才能有效表达呢？可以运用自描的手法，陈述自己的情绪，陈述情绪产生的原因，陈述自己情绪引发的行为，陈述自己想得到的内容，即陈述“我的信息”。如：

我感到受伤，因为我觉得不太被关心。

我很难过，因为觉得自己的见解、观点没有被考虑。

我感到很愤怒，因为我本来以为……，如果能被……对待我会更愉悦。

我理解你的观点，你也有权提出你的观点，但我保留个人意见。

这样表达时，我们仅仅在陈述我们自己，没有确认责任方。在语法结构上，使用“我”开头，后面是自身情绪完整的发生、发展及希望、选择。陈述“我的信息”的四个步骤是“当……时候，我觉得……,因为我认为……，真实……”。一是描述“我”的想法，而非指责行为的当事人；二是陈述自己对可能的后果的感受；三是陈述后果；四是客观说明。如“当父母问到我的考试成绩时，我觉得愤怒，因为我以为他们认为我没努力学习，其实我觉得委屈，我很努力学习了，但成绩还是不尽如人意，我觉得无能为力，不知道怎么办了，我希望我的努力能够有看得到的效果。”

运用自描的手法表达情绪有三个特点，简称为3C。第一为清楚(clear)：清楚地当面表达自己的情绪，不隐瞒、绕圈子或者放烟雾弹。第二为干净(clean)：尽可能客观地说出自己的情绪，不附带攻击、指责、抱怨的内容。第三为完整(complete)：把事件的经过，自己的思考过程、顾虑和感受，以及真实目的完整地告知对方。

你可以按照以上的步骤和原则学习完整表达情绪的技巧，当然这需要一定的时间去训练自己逐渐熟练，所以come on，让我们开始行动吧。

第四节　为你的安全感采取行动

安全感是心理需要中的第一要素，是人格中最基础、最重要的成分。不安全感是人类普遍具有的基础心理特征，有不安全感是正常的，在一定程度上也是有利身心的，但当出现过度不安全感却找不到对象的时候，就表现为焦虑情绪；当对自身的健康状况极度没有把握的时候，就表现为疑病倾向；在感到极端不安全并通过各种方法控制，控制失败后还没有放弃，并变本加厉地试图继续加以控制的时候，就表现为强迫倾向；在控制失败并绝望的时候，就表现为抑郁了。所以，请记住，抑郁者都是生活的斗士！

现代社会虽然给予人们极大的自由，但由于自由的增大，人们与社会、与他人的联系日益减少，个人的责任日益增大，所以，现代人日益缺乏归属感，经常体验到孤独和不安全感。而我们为了缓解不安全感会出现两种极端的表现，一是过度控制，又分为控制别人和控制自己的思维和想法两种；二是逃避现实，表现为抑郁行为。

缺乏安全感的人和拥有充足安全感的人有什么区别？临床心理学家马斯洛结合自己的工作实践，从 14 个方面进行了对比，比如缺乏安全感的人经常感到孤独、被遗忘、被抛弃；对他人抱有不信任、嫉妒、仇恨、敌视的态度；有悲观倾向；表现出强迫性内省倾向、病态自责、自我过敏等。与之相反，那些内心拥有充足安全感的人会觉得自己被人喜欢、被人接受，与人交往时也能感受到他人的温暖和热情；对他人抱有信任、宽容、友好、热情的态度；对人生的态度坚定、积极，有良好的自我评价等。

我们能发现，抑郁者存在着强烈的不安全感，那么如何才能增加安全感呢？可以从自身出发加大自信在自尊中所占比例，增加安全感；可以主动创建社会心理支持系统。既然我们自己的想法情绪和周围的环境都是与自己的抑郁行为相互影响的，我们就可以从我们自身和环境入手去改善我们的抑郁行为，我们可以主动提高自身的安全感，明晰生活中可控的部分，学会适度控制自己的生活。

【来访者自述】

“我知道我失恋了，而且对一个人的生活感到恐慌和忧虑，但我能够学会面对这种状况。结束这场关系有点可怕，但我以前一个人也活得很好。我摆脱这个关系并不意味着我放弃寻找新的恋爱关系，我可以与他人重新开始一段新的感情，而且我觉得我比原来更有能力去处理恋爱关系。我自己有很多不足之处，但老实说我觉得自己善解人意，当然，人无完人，但我还是算不错的，结束这场关系不会使我变得不可爱。”

当抑郁者不知如何驾驭自己的愤怒时，就会长期将愤怒锁起来，锁不住的时候就变成为一点小事大发雷霆的人了。其实你可以采用一些应付策略，学会如何驾驭愤怒。例如，当冲突过于激烈时（处于纯红区域），你可以从该情境中离开，找一个能使愤怒平静的地方。要学会驾驭怒气，而不是让愤怒驾驭你。

熟练的驾驶技术使我们在掌控汽车时更自信一些，更相信自己能处理好路上的状况，更有安全感。体育锻炼是使人保持良好心态的绝招，因为体育锻炼能让人产生一种自我驾驭感和超越感，增强面对工作和生活的自信。

自信指一个人对靠自己的能力来完成某项工作的信心，自信主要取决于过去发生了什么，以前的成功导致自信的积累。经常可以听到抑郁者自我陈述为：“我很自卑，一点也不自信。”实际上自卑是一种内心的警觉，是一种创造的源泉与动力，自卑让人去追求成熟、优越及完美。著名的心理学家艾尔弗烈·阿德勒（Alfred Adler）说，“人们所有的成长动力与行为目标旨在追求安全和克服自卑感”，解释了自卑的人为何更易于成功。人的成就恰好是自卑的作用，人寻求卓越恰好是对自卑的一种补偿行为。

我们都知道站在浩瀚的宇宙回望地球会感觉到自身的渺小，这个渺小感就是自卑。井底之蛙一旦跳上地面，就自卑了。自卑说明我们站在一个更高的平台上，我们成长了，我们需要通过行动增强自信以达到更高的平台，更多的成长。

自信与自卑恰如一个天平的两端，自卑加重时需要增加自信以平衡天平，这个过程促进了我们的成长。抑郁者之所以抑郁是因为当成长动力太大以至于自信的一端没有来得及平衡时，他们没有看到需要做的是增加自信以平衡天平，而是寄期望于去除自卑以让当前的自信够用。但是人的成长是天生的需求，不因任何原因而改变，所以产生了强大的内心冲突——我们抑郁了。我们需要做的不是去除自卑，而是增加自信，我们可以从现在开始采取一些行动来增加带着自卑的自信。

我们需要知道改变是很难的，而且会有反弹，所以抑郁常会出现在你的生活中，没关系，我们也经常感冒，但我们还是可以生活得很好的。抑郁被称为“精神或情绪上的感冒”，这种感冒是可以处理的。所以试试：把“我不”换成“我是”“我想要”“我可以”。“我是”其后所接的内容是你的客观状况；“我想要”就是你想要创造的客观状况，越具体越生动，它成为事实的可能性越大；“我可以”是达成你想要的客观状况的实际操作办法，越实际越有可操作性，就越有可能实现。有了这个认知后，利用“我是”“我想要”“我可以”，来做最有益于你的事。例如，“我是矛盾的，我想要更多的满足，我可以看一本书来满足自己。”

自信源于不断的努力、刻苦、勤奋的行动。如果这听起来像是个费力的工作，你可以把你想要的一切，填写在你生命的黑板上。如果你填写的是过去的包袱，那就把它们擦干净吧。把过去对你毫无用处的一切都擦掉，并感谢它们把你带到现在这个地方，让你有一个全新的开始。现在你有了干净的黑板，你可以重新开始，就在此时此地。找出你真正想要得到的，并去努力得到。

把注意力集中到完成任务上，不断增强实力。而实力，才是自信的最重要支柱。

尽快找一个领域，不论这领域是什么，哪怕在别人看来完全是浪费时间或游手好闲，在这个领域里你要充满自信。假如你在网络游戏上稍有自信，那就不妨想象你是如何获得游戏里的技巧的，再尝试着把这个技巧运用到另外一个缺乏信心的领域。相信自己的所作所为是有意义的，尽管你可能还不清楚，甚至不太喜欢这样做，但其结果和回报会让你满意。

还记得自尊水平测试中 A 部分问题所代表的态度和行为吗？思考这些态度和行为，如果其中某些行为对你来说显得困难或陌生，那就在头脑中进行逐步地脱敏①，并在恰当的时候(不再一想到就害怕)，把练习搬到现实中去。

保证自己能够经常有些新突破，学会一些新技能，取得些新的成就，并且记录下来。这样你就会为自己感到骄傲，并在这个过程中得到别人的赞扬、承认和荣誉。

列出自己喜欢和满意的品质、能力，再列出自己希望的能力和品质。然后按照这个去做，想象当你这样做了以后别人可能对你的正面评价。

要学会重视、赞扬，并且积极表现你独特的地方。这不是让你特立独行，而是要能够欣赏自己。认识到悲伤、自怜是抑郁的自然反应。抑郁夺走了你的热情，不是你这个人缺乏热情，而是你所处的心

---

① “系统脱敏法”就是通过一系列步骤，按照刺激强度由弱到强，由小到大逐渐训练心理的承受力、忍耐力，增强适应力，从而达到最后对真实体验不产生“过敏”反应。

理状态使然。事实上，如果你关注于自己的悲伤情绪，而不是你所处的糟糕状态，你或许发现自己非常想大哭一场。能够哭出来往往是热情复苏的前兆。

在口头语上，要刻意使用“我认为”这三个字，在与别人交谈时，多发表自己的见解，而且，在发表自己见解时，使用“我认为……”的语言格式。自信是对自身力量的确信，深信自己一定能做成某件事，实现所追求的目标。把许多“我能行”的经历归结起来就是自信。

练习正视别人，一个人的眼神可以透露出许多信息。某人不正视你的时候，你会直觉地问自己：“他想要隐藏什么呢？他怕什么呢？他会对我不利吗？”不正视别人通常意味着：“在你旁边我感到很自卑；我感到不如你；我怕你。”躲避别人的眼神意味着：“我有罪恶感；我做了或想了我不希望你知道的事；我怕一接触你的眼神，你就会看穿我。”这都是一些不好的信息。正视别人等于告诉他：“我很诚实，而且光明正大。请相信我告诉你的话是真的，毫不心虚。”

当然每个人都有局限性，没有一个人能独自解决所有的麻烦，对于陷入困境的人而言，社会支持犹如雪中送炭，带来持久的温暖、安全以及重振生活的信心、勇气和力量。而当我们处于抑郁中时，尽管极力掩饰自己的抑郁状态，但仍会给他人造成影响。与人交往时，我们会变得枯燥乏味、易激惹，常常拒绝别人。这些反应是抑郁常见的反应，我们有必要识别它们，而不必为此羞愧。至于为什么抑郁会影响我们与他人的关系，有多种不同的原因。可能是我们潜藏着自己无法厘清的矛盾冲突，可能是我们对他人表现了无声的怨恨，可能是我们感到自己失去了控制，还可能是我们的朋友、伙伴无法理解我们身上发生的一切。

所谓个人心理支持系统，指的是个人在自己的社会关系网络中所能获得的、来自他人的心理上的帮助和支援。

我们内心深处拥有多大的安全感很大程度上取决于我们拥有多有效的心理支持系统。我们可以主动建立更有效的心理支持系统以增加归属感，提升安全感。

“心理支持系统”，这个词听起来很抽象，在讨论这个问题之前，让我们先问问自己：

1. 如果陷入困境，有多大把握能得到他人广泛、及时而又有效的帮助？

2. 这些“他人”都包括谁？请将他们列出来。

正是以上两点构成了个人所拥有的心理支持系统的核心，一个完备的心理支持系统包括亲人、朋友、同学、同事、邻里、老师、上下级、合作伙伴等，还包括由陌生人组成的各种社会服务机构。

表面上看，每个人的社会关系网都差不多，无非是父母手足、同学同乡，但深入观察，每个人从中获得的心理支持却有很大的差异：有些人在个人心理支持系统中与他人共享生活，充满幸福感，遇到困难时总能获得及时而又有力的帮助；而有些人则不然，他们虽然和别人一样拥有客观存在的关系网络，却与其中的人相处得很糟糕，在陷入困境的同时，也迅速陷入孤立无援的状态。

为什么拥有同样的社会关系网，可人们所得到的支持却有这么大的差异？这是因为，天生的社会关系网络并不等于心理支持系统。尽管心理支持系统是在现有的社会关系网络中产生的，但是有社会关系网并不一定就有心理支持系统。除“朋友”之外，我们每个人的社会关系网基本上是与生俱来的客观存在；心理支持系统则不然，是需要去努力建立并维护的。心理社会支持系统具有双重功能，助人、求助和快乐分享，即我们的困难需要它来分担，我们的快乐也需要它的分享。如果我们平时不会体贴、关心并帮助他人，不会与他人分享生活的快乐，就很难构建和获得心理支持系统。否则，即使在“亲人”这种天生最为密切的血缘关系中，也有可能得不到支持，更有甚者，还有可能受到致命伤害。这些话绝不是夸张。如果深入观察你会发现，有些人遇到难处，即便麻烦朋友，也不向家人求助，因为他从家人那里获得的多半是责备，甚至是奚落。而有的人，宁愿自己吞咽生活的苦果，也不愿向朋友倾诉，因为平时过度的防范和封闭(实际上属于“过度防御”)，使他失去了有力的心理支持。

你发现了吗？不管一个人怎样看待人生目标，怎样看待成就，他最终需要的，还是获得精神上的满足和自我价值的认可。有时候，一项项接踵而至的成功可能在某种程度上补偿了我们的这种需要，但更高的目标、更强的竞争对手仍令我们望而生畏。因此就会出现这样的情形，有的人看起来十分出色、非常幸运，但他内心深处仍然充满了愤懑、不平，对自己缺乏信心。

我们在用自身不断取得的成就来增加安全感的同时，可以从良好的人际关系中获得温暖、爱、归属感与安全感，这是我们内心深处最需要的慰藉。不管遇到什么困难，你都将获得最有力的心理支持，还有什么比这种感觉更能充实我们的人生呢？记住：人只要与人接触，就可能产生伤害；人也只有与人接触，才能最终化解伤害。

我们生活在这个世界上，需要彼此支持、共同发展，在必要的时候，也要懂得求助，这与依赖不是一回事。依赖指的是自己明明能做的事也让别人为自己做，而寻求支持指的是，处于竭尽所能也难以应付的局面时寻求他人帮助。

人有助人的需要。在力所能及的情况下，助人也会使助人者感到快乐。不仅如此，由于人们的这种普遍需要，使得适时适度向人求助还会提升人们的亲密程度。抑郁者由于缺乏自信，往往把寻求支持当作无能。其实不然，寻求支持也意味着向他人表示：今天我求助于你，是因为我有困难，同时，也因为我有信心在将来某个时刻同样有能力为你提供帮助。

对别人的支持，我们需要学会感激和回报，这是我们能够接受帮助的能力。很多时候，一声“谢谢”，一句“要不是你帮我，我当时真不知怎么办好”这样简单的话，就会使助人者心里充满了快乐与成就感。能够让助人者感受到满足和愉悦是被助者的能力，而很多求助者不懂得说“谢谢”，是因为他们有一个很大的误区，认为都是熟人，我不说他也知道。事实是，如果我们不说，别人就不知道，结果，助人者助人的快乐就有可能转变为不满和疏远。

尽管人离不开心理支持系统，但是在遇到困难时，我们还是要尽可能依靠自己，或者是社会服务机构。比如，搬家可以请搬家公司，用车可以叫出租车，心理上有困扰可以打心理热线电话或去做心理咨询，等等。尽量依靠社会服务机构不仅能有效解决自己的困难，而且也是对亲友的体谅，这样在你遇到难以处理的大问题时，你就有可能从亲友、熟人等关系中获得广泛而又有效的支持。最后，作为别人社会支持系统的一部分，你对无法胜任的求助也不要勉为其难，每个人的能力都有限，实在帮不上的事你就要及时、明确地告诉别人，以免耽误别人的事。最忌当时满口答应，结果却食言，那是最容易损害社会支持系统的行为。

家庭作为一个社会单位，在人的一生中发挥着无可替代的作用。一个人的性格和思维方式因受家庭环境的影响而千差万别。家庭关系对人的影响并不只是性格上的，还包括认知能力、情绪反应等各个方面。我们可以拥有一个具有心理支持作用的真正的家。

家是一个人最先接触人的地方。我们在这种接触中感受到了无限的温暖。然而不可否认的是，我们在这种接触中也受到了很多伤害。越是亲近的人，给我们的伤害就越大。家是我们生命的一道屏障，然而，另一方面，家也是我们第一次遭受伤害的地方，无一例外，父母是伤害我们的第一人。

很多抑郁者表现出来的各种问题，与幼年的生活经历以及父母的人格和养育方式等有着极其密切的联系。但作为成年人，一味地抱怨别人，完全将责任推给父母，这是不想长大和承担责任的表现。恰恰是这个原因一直在阻碍他的成长，也是自身抑郁的主要原因。当我们还年幼时，能力较弱，认为父母无所不能，所以当他们伤害我们时，不敢表达，不敢反抗，只能把伤害深深埋在心里，有的人甚至还想把伤害从记忆中抹去。选择忘记伤害的人，虽然在意识中强迫自己忘记，但在潜意识里，那个受伤的小孩却横冲直撞，一直影响着我们的生活。家就是让我们温暖的同时又会伤害我们的地方。否认了家的温暖，我们就无家可归；否认了家对我们的伤害，就会把这种伤害带进下一个家，把伤害一代一代地传下去。家给我们的痛苦并不可怕，可怕的是我们紧紧抓住它不放。我们的父母是人，他们本身就不完美，他们也会犯各种错误。

我们可以讲出自己在家里受到的伤害，也可以选择和家人一起面对苦难，当我们这样做了，我们就获得了一个真正的家。

我们可以选择主动加入团体活动来增强心理支持系统。在这个时代里，选择权绝对在你自己的手中。

人们只有在闲着没有事情做的时候才会开始沉思，导致沉思的最大危险因素就是独处，而现代人经常会这样，在公汽上发呆，看无聊的电视节目，独自一个人吃饭，等等。这些状况一般都会让人陷入沉思，当你沉思到不想和人有最起码的接触时，抑郁就来了，而当你和其他人开始接触时，大脑就不太有机会去沉思。我们需要沉思，也需要和人接触。

马斯洛曾经将人的心理需求进行了层次清晰的划分，并将归属感以及得到尊重列为人们社会生活的基本需要之一。也就是说，无论我们生活在怎样的一个社会团体中，都会产生归属于这个群体、受到群体成员尊重的需求，一旦这一需求得不到满足，内心就容易失去平衡，我们不停地渴求着团体的归属感。

不可否认，一定有人会因为跟团体接触而沮丧，但奇怪的是，看到别人在受苦会使你悲伤，但这种悲伤却不是抑郁者的那种没有指望、暗无天日的、永恒的悲伤。这种悲伤是一种悲天悯人的悲伤。许多有经验的志愿者都发现，他们从这些工作中发现了自己生命的意义，跟那些垂死的病人接触反而激起了他们自己生命的火花。他们为这些不幸的人感到难过，但他们不抑郁。

如果你为社区、为团体服务得够久的话，你会发现你越来越不容易抑郁，也变得不容易感冒，更重要的是，你心灵中的那块空虚，那种无意义感会被填得满满的。

大雁排成V字队形飞翔，不仅可以飞得更快，而且可以比独自飞翔飞更长时间并更有效率。事实上，和单独飞翔相比，整群大雁一起飞的飞翔范围可以增加71%，因为队形里的每只大雁都为它后面的那只大雁提供了上升力。当某只大雁生病或受伤了，雁群也不会遗弃它，会有两只大雁离开队伍陪伴它，直到它康复或者死亡。此时，它们会努力追赶原先的雁群，或者加入新的雁群。

这是大雁的"搭档组队"生活方式，搭档组队具有强大的力量，在我们生活中有许多领域运用了大雁搭档组队的原理。比如在车间可以保证质量和提升士气，搭档组队可以增进感情、相互支持与指导，在运动锻炼中搭档组队可以促使你在阴暗寒冷的冬天早晨到户外参加锻炼。

在中国大学里，自习室往往是最拥挤的地方，学子们总是早早地去占座位，国外的咖啡厅常常很多学生聚在一起写作业或是看书。实际上，他们去共同区域温习，就是为了追求一种社会助长作用。社会助长作用是由心理学家和管理学家共同提出来的。它表明：一个人在团体竞争状态下工作，往往会比独自一个人工作时更有效率。

心理学家奥尔波特曾经做过一个实验，他要求五名学生在同一个房间内一起做某件工作(简报、做数学题和进行逻辑推理训练)，结果发现每个人的工作效率都比分开工作时更高。这种现象并非人类独有。另外一些行为主义心理学家的实验也表明，老鼠、蟑螂和鹦鹉等动物也有类似的现象，即在团体状态下比个体状态时表现更好。

这种现象背后的心理原因是：当众人一起工作时，可以提升各自的心理动机和驱动力。人们会因为其他人在紧张忙碌地工作而不好意思偷懒。于是形成一种相互竞争的假想状态，使自己更加卖力。这时，每个人的心理动机除了"我要成功"之外，还有"我不能比别人差"。而驱动力表现为：当自己独自一人时，虽然也会有"不能比别人差”的想法，但缺少直接的刺激物，从而显得缺乏动力。直接的刺激则可以把这种动力具体化，加强驱动力。

一般来说，简单的工作比较容易引发社会助长作用，我们可以利用周围环境对自己心理的影响，给自己营造出适当的刺激感，以提高自己的精神集中度和行动力。

主动加入团体的方式途径可自由选择。如你可以每年定期捐款。捐款不要通过基金会或慈善机构，而是由你自己亲自把这笔钱发放出去。你可以每周从事一件对团体、社区有益的活动，如帮助志愿者，做晚饭给流浪者吃，帮助社区小学做公益宣传，拜访艾滋病患者，清扫街道，为你的母校募款，等等。

大多数地区都有无数的社会团体和俱乐部，他们能给成员提供团体归属感。这些团体分门别类，有的是民间组织，有的是特殊利益组织，有的是妇女联谊会，等等。

兴趣小组专门集合那些有共同兴趣爱好的人，例如，阅读、手工艺品制作、骑自行车、跑步、写作、漂流、摄影、电影、戏剧、历史、各类运动项目，等等。

人们将绝大多数时间和精力都用在了工作中，因此工作单位实际上成为了体验团体生活的重要载体。一方面，不要过分将自己投入在工作中，这样才有更多时间培养与其他人的关系；另一方面，要腾出足够的时间在非工作环境下和同事接触和交流，与他们分享生活中的点点滴滴。

生命中最可贵的是爱、智慧和平静，这些都只能在双向互动中获得。正因为我们有缺点和不足，才会意识到一己之力的局限性，所以需要互助。别人的帮助使我们成为受助者，帮助别人使我们成为了帮助者。因此，在“我是谁”这一问题中，还隐含着一个更重要的问题：“我属于哪里？”只有找到了我们在群体中的位置，才能最终找到自己，因此我们需要的是“融入”，和其他人一起融入。

人们在寻求共同的目标时产生了团体。在这个团体中，朋友同时也是老师，他们善于倾听，也给你建议和支持，帮你解开心中的疑团，让你做出选择。

我们自身的完整性只有在团体中才能体现，而团体的形成离不开双向互动。

你不是因为大公无私才去做这些事，你可以因为这样做对你自己好而去做。

如果你能意识到你处在什么样的情绪里，能在任何情绪里找到对自己有利之处，能客观表达你的情绪，能主动想到办法去调节你的情绪，那么，你具有处理情绪的能力。

心理支持系统自测

1. 在你的上司当中，你最喜欢谁？
2. 为完成一个重要的使命，你派谁？
3. 为商讨新的观念，你找谁？
4. 郊游消遣，你找谁做伴？
5. 面临严重问题，你会找谁帮忙？
6. 经济拮据时，你向谁开口？
7. 被困孤岛，你巴不得谁在身边？
8. 奉命出国，你把家务托给谁照顾？
9. 倒在病床上，你喜欢谁来照顾？
10. 当你与男朋友或女朋友分手时，或者你的婚姻出现问题时，你会向谁倾诉？
11. 若你与家人吵架，你会找谁倾诉？
12. 当你获得别人称赞或者嘉许时，你会与谁分享？
13. 若你的考试成绩不理想，你会向谁说？
14. 当你在功课/工作上遇到问题时，会向谁请教？
15. 若你在事业上要做决定时，会向谁询问意见？

【说明】

在上面 15 个问题中，你列出了多少个人？除了家人、恋人，还剩下几个？这些具体的人构成了你的支持系统。

【结论】

少于 3 人：你的支持系统很不完善。

3~5 人：你的支持系统不太完善。

5~8 人：你的支持系统比较完善。

8 人以上：你的支持系统非常完善。

第八章

选 择 行 为

我们不能改变外部环境或者阻止糟糕的事情发生，但我们不是无法控制的环境的受害者。抑郁者倾向于非常抑郁地考虑事情，且表现出自我挫败性的行为，如逃避工作、娱乐活动及人群。抑郁的核心就是丧失获得快乐和体验快乐的能力。

【案例】

四个下乡知青，某年参加一项大型水利工程建设。一天，他们点过炮后照例躲在一块大石头后面，谁知一阵巨响过后，这块大石头被震掉了一些碎石，最大的一块恰巧砸到其中一个人的头上，那个人当场死亡。亲眼目睹的三个同伴都愣在那里，说不出一句话。20 年后，三个人在不同城市生活着，但是生活方式却迥然不同。其中一位通过这个偶然事件感到世事无常，打定主意及时行乐，终因犯罪而身陷囹圄；另一位始终忘不掉那个血淋淋的场景，认为生命脆弱之极，久惧成病；而第三个知青深切地认识到生命的有限和可贵，学会珍视生命和珍爱生命，积极地生活着。

经历同一事件，我们可以选择并走出截然不同的道路。在我们遭遇挫折或重大意外事件时，都曾经在选择逃避还是带着害怕去面对之间徘徊过，勇敢不是不害怕，勇敢是带着害怕去创造自己的生活。

三个知青因为有着不同的想法，而选择了不同的行为方式。我们个人的认知、情绪和社会环境共同影响着我们的行为，而我们的行为反过来也影响着我们的想法、情绪。

我们可以从选择不同的行为入手去改变我们的想法和情绪，从而打破抑郁的恶性循环。

抑郁是一个信号，它告诉我们生活正在失去平衡，例如失恋、离婚、换工作、失业、疾病等，但是我们可以学习把时间和能量投入可以控制的部分，承担生命中痛苦的部分，采取行动，带着抑郁舞蹈，更好地生活；抑郁也可以被看成是行动的号角，告诉自己，更好的生活要用行动去实现。

有句哈佛名言是这样说的："快乐在于行动，不只是拥有。"快乐和满足不是别人给予的，快乐和满足是靠我们自己去寻找的，如果你想满足自己或使自己快乐，就可以付诸行动。有些人发现，这样做很困难，或许需要额外的帮助，那也很简单，去寻找帮助。

第一步：意识到抑郁的行为其实是你的选择。

第二步：学会小步实现你的选择并因此鼓励自己。

第三步：创造出自己喜欢的改善方式。

第一节 了解自己的极限

以拖延行为为例，拖延行为与掌控感密切相关。虽然对我们每个人来说，对自己的生活具有一定的掌控感是十分重要的一件事，但是同样重要的是，我们也必须学会去遵守那些不是我们自己制定的规则，并顺应别人的需要。然而，抑郁者对掌控感十分敏感，不喜欢任何规则，会抗拒任何他人对自己的要求，对抑郁者来说，拖延成了他们获取掌控感的一种方式。利用拖延让自己重新获得控制感可能是无意识的，也可能连你自己都没有察觉到，所以你可以思考一下：你的拖延是否在你必须顺从规则的时候发生？你是否明知道信用卡的还款日期，还等到最后一天去还款，发现卡机存不进去钱，因为装满了，所以你愤愤不平地认为是银行的问题而不是你的问题导致你将多交滞纳金？

继续看看你的拖延对你周围人的影响。你的拖延是否给别人带来不便？当你落在后面的时候，你有没有请求别人重新安排日程？由于你没有及时完成自己的那一部分工作，你是否影响到别人的工作进度和工作计划？因为你没有完成自己的任务，你是否让别人承担了更多的工作？

周围的人对你的拖延是怎么反应的？他们是否为此烦躁不安？是否对你的种种借口感到无奈？是否为你没做到自己的承诺而愤怒？是否最终放弃了对你的说教，只能让你按照自己的方式做事？如果你没有意识到这些问题，你就会一直用拖延来维护你的独立感。你可能比自己想象的更加好胜，拖延就是你争夺控制权的策略，你无意识地选择了拖延的战略来获得掌控感，拖延是你的选择。

每个人的心理冲突都能够撞击出耀眼的火花，由破坏性转变为建设性，并发挥正性能量。如果沉浸在设法回避痛苦、回避冲突的“独立”世界里，就算没有痛苦的生活也是痛苦的。抑郁者总以为自己是在犹豫于选择什么，事实是抑郁者犹豫的是选还是不选。抑郁者犹豫时我们认可的是他没有选择，所以他永远都处于犹豫的状态，并不是选择哪条路可能更正确，而是选还是不选。只要选择了，没有选择是错误的，我们可以从任何一个选择中获得成长。选择的意义就在于选择本身，主动选择了就表达了你愿意为自我成长负责，为自己负责。

人生如戏，我们每个人的人生都是一场戏剧，每个人都在扮演着属于自己的角色，小到一个家庭，大到一个企业，直至整个社会，要想保持稳定和谐，需要每一个参与者密切配合，不论我们自己认为自己的角色多么糟糕，只要自觉地扮演自己的角色，任何角色都可以演得很精彩。

抑郁的时候，我们对日常的活动感到力不从心，因此，我们应对这些活动进行合理安排，以使我们能一件一件地完成。以卧床为例，如果躺在床上能使我们感觉好些，躺着无疑是一件好事。但对抑郁的人来说，事情往往并非这么简单。他们躺在床上并不是为了休息或恢复体力，而是一种逃避。因为没有做应当做的事，我们会为这种逃避而感到内疚、自责。并且，躺着使我们有更多的时间思考自己的困境。床看起来是个安全的地方，然而，长此以往，我们的状况会更加糟糕。因此，最重要的是，努力从床上爬起来，按计划每天做一件积极的事情。请记住：你的大脑欺骗说你不行，劝你放弃努力，而你可以慢慢地使自己相信，你能一点一点地将事情做好。

有时，一些抑郁的人常常带着这样的念头强迫自己起床：“起来，你这个懒虫，你怎么能光躺在这呢?”其实，与之相反的策略也许会有帮助，那就是学会享受床上的时光。一周至少一次，你可以躺在床上看看报纸，听听收音机，并暗示自己：这多么令人愉快。你可以在告诉自己起床干事情的时候，不再简单地“强迫自己起床”，而是鼓励自己起床。因为躺在那儿想自己所面临的困难会使自己感觉更糟糕。

抑郁并不异常，我们不想要的抑郁是不能被消除的，快乐与不快乐是同时存在的，满足和不满足也是同时存在的，你选择去看到不快乐还是不满足，是选择抑郁下去还是带着抑郁舞蹈，决定权在你的手里，你的职责在于自己。

如果连你都无法使自己得到快乐与满足，那你如何去期待别人呢？请你思考这个问题：你是否像希望别人对待你那样地对待自己？如果你对待自己并没有像希望别人对待你的那样，那你永远也无法改变现状。你的行动是强有力的证明，因此，你如果没有用能让自己快乐和满足的方式来对待自己，这时你对他人发出的信息是："我的快乐和满足不够重要，我没有价值，我不值得。"这个信息会持续地放送，直到他人都用你放送的信息来对待你。许多人为了让别人快乐和满足而牺牲自己，认为牺牲自己的人才是好人。其实牺牲自己表达的信息是："因为不是每个人都能拥有足够多的东西，所以我少拥有一些，别人可以拥有得更多。"我们大部分人都被教导要把自己的需要摆在最后一位，结果是，我们自己却拥有无价值的、不值得的感觉。这感觉很不好，所以最终都会导致怨愤，因为你觉得自己不好的时候，会感觉元气好像被榨干了，而你执意继续下去，你的"觉得自己不好"的感觉也会继续下去，你自然就会抑郁下去。

你是唯一能创造自己想要拥有的事物的人。当你刻意把焦点放在你想要的事物上，开始去创造，你想要拥有的快乐和满足就会逐步实现。你可以开始去想"我真正的想法"、"我真正需要的事物"，可以开始创造自己的快乐和满足的时候，你是自己命运的设计师，结局就是你所选择的一切。所以，你的人生你说了算，你的生命任务由你自己来赋予，你的快乐和满足由你自己来创造，你的存在不需要任何其他人来评判。

每个人都有权利拥有快乐和满足，你无法永远满足他人，你的职责就是满足自己。先让自己感觉快乐和满足，才能让这样的光明照亮你周围的人和环境，所以你有责任让自己成为解决问题的人。不需要指着别人说："你欠我的，所以你得让我感觉更好。"相反的，要给自己多创造一点快乐，抽出时间给自己，把自己的快乐和满足填到饱满的程度，直到自己满溢到能去给予。除非先把自己填满，否则你没有东西给别人。因此，你可以很自然地认为自己能力有限，只能先专心在自己的快乐和满足上。事实也确实如此，你不得不爱自己，只有爱自己才有能力去感觉美好。当你把目标放在让自己快乐和满足上，做着会让自己感觉美好的事，你就成了一个有能力快乐和满足的人，成为你生命中每个人、每个孩子光明的榜样。当你有能力感觉快乐和满足时，甚至连"给予"这件事都不必去想，就会自然地满溢出来。

你往往把创造快乐的机会给了别人，而他们常常无法做到你想要的样子，无法带给你想要的快乐和满足。为什么？因为你的快乐和满足，来自你的内心，唯一能为你的快乐、满足负责的人，就是你自己。因此，就算是你的父母、孩子或配偶，他们对你的幸福也没有主控权。他们拥有的只是和你分享幸福的机会。

当然，我们在做出选择的时候需要了解自己的极限。我们太多人因过度劳累而感到自己无法应付，我们意识到自己的失败，并因此而羞愧，以致陷入抑郁。许多抑郁者其实是真正的战士：我很少看见抑郁的人安然享受休憩的时光，也很少有抑郁的人能意识到自己的极限。有时，这与完美主义密切相关。专家喜欢用"燃尽"一词描述那些处于被挖空状态的个体。对一些人而言，"燃尽"是抑郁的导火索。无论是呆在家里忙于照顾孩子，还是忙于应付各种工作任务，你一定要记住：你与其他人一样，能做的工作是有限的。

思索一下你"挖空"自己的方式，不要因感到自己"燃尽"而苛责自己，坦诚地面对这一事实，想办法解决问题。你生活中是否有足够多的快乐事件？你能努力增加这样的事件吗？你能向他人谈出你的感受，并寻求帮助吗？如果答案是否定的，我们就会产生"燃尽"的感觉。例如，常有人因没有了解自己的极限而过度工作，出现"燃尽"

的现象，最终陷入抑郁。

不同的人产生“燃尽”现象的程度不同，尽管有些人看起来似乎能应付各种事情(这使我们感到自己也必须像他们一样)，但我们未必能够像他们一样。每个人的极限不同，并且，我们的极限是因时因事而变化的。

第二节 “我们都能做到”

每个人，无论做什么，都可以明确自己最终的目标，并且能把大目标分解成一个个的小目标，这样，可以随时了解自己的成绩，使自己不断地被激励。我们可以向自己陈述：“我之所以不行动不是我不能，而是我不愿意”；“我之所以不愿意去行动是因为我需要彻底地证明我是行的，而不是去取得小的成果”。这是抑郁的自然反应。如果行动的话会失去什么呢？如果付出了努力，并且没有成功，对“我”而言并没有什么坏处，相反，或许会有些好处。在未开始之前“我”就将自己挫败了吗？如果努力，尽管可能没有成功，但“我”知道“我”付出了努力。

“我可以循序渐进，如果我将问题分解成小步骤，它们或许就不再那么可怕了。”“我不必一次做得太多，我努力做一点，总比什么也不做令我感觉要好些。”“我可以因自己的努力而鼓励自己。”

抑郁者只想感觉好些，听着要求很低、目标很小，其实这是一个需要分解的大目标，分解后产生的小目标可以如下：

- 每天多做一点点。
- 对他人和自己更自信一点点，减少自我攻击目标。
- 在喜欢的事上多花一点点时间。

最初，你要每天或每周给自己设置一些目标，开始的目标越小越好。然后，思考达到这些目标所包含的任务，以及你将如何尽力获得成功。如果问题很难，你无法达到目标，那么回答如下问题：

- “目标过高吗？”
- “我能否进一步将其分解？”
- “我是否遇到了意想不到的问题？”

- “我是否付出了足够的努力?”
- “在我内心深处，是否认为即使达到这些目标也毫无益处?”
- “如果失败了，我是否同情自己?”

选择实现的关键点在于把复杂问题分解成简单问题，保持一定的节奏，一小步一小步地来完成以保证意志力的持续。

把工作分成几部分，从一个小部分开始，一次只完成一个部分。以购物为例，出发前，尽量先别想这事会多麻烦。相反，先看一看你的记事板，列出购物清单。这样做完后，你可以给自己一个鼓励，毕竟你比刚才前进了一步。接着，带上袋子和其他东西去购物。路上，你要想着自己已经做好了购物准备，要尽量避免思考在商场里购物可能遇到的麻烦。到了商场，慢慢地逛，直到把购物单上的物品全买完为止。

这听起来似乎有点像按方抓药，从某种角度来说是这样的。核心问题是不要被诸如“太麻烦了，我无法应付”之类的观念所干扰。研究表明，抑郁的时候，我们丧失了制订计划、有条不紊做事的习惯，变得很容易畏难。改善抑郁行为的方式，就是有步骤地制定计划。尽管有些麻烦，但请记住，你正训练自己换一种方式思维，而且你可以把计划简化到你能操作为止。

科学研究支持一个理论：人类只有有限的意志力，因此请一次只改善一个行为。如果你在试着吃素，就不要同时试图戒烟；或者如果你在试着整理屋子，就不要同时试图工作。

当我们回避去做某件事情时，会觉得压力重重，无处下手，这时可以将事情分解为更小的，不那么令人畏惧的一些更小的部分。同时，将这些你所回避的事情列在一张清单上，然后从最容易的开始做。只要是完成了其中任何一项，哪怕是在玩电脑游戏时终于起身去用微波炉热了饭这样既不费时又直截了当的任务，往往也能带来非常好的成就感。

对于我们大多数人来说，仅仅是将某件事从清单上划去就能获得满足感的体验。当抑郁状态比较严重时，我们的起始目标仅仅是花10分钟去处理之前回避的事情，哪怕是交电费或做家务。而当精力有所增加时，往往能增加每天处理事情的时间。

选择你最想做的并且尽管去做。经常问你自己简单的问题："对我来说什么是最重要的？对我来说得到什么是相对容易的？"这样可以在众多你想要而又不能全要到的东西中至少得到一件。

一、主动创设自己的生活

有些类型的抑郁与厌倦感密切相关，一些抑郁者的生活变得机械而枯燥，有时，这似乎是不可避免的，抑郁者常感到与人隔绝、孤独、闭塞，这是对枯燥乏味、缺乏刺激的生活的自然反应。解决问题的关键，仍然是对厌倦进行分析，然后逐步主动创设自己想要的生活。

1. 计划一些活动，旨在有意识分散对抑郁的注意的同时为自己创造一丝丝快乐

大脑处于抑郁状态的时候，我们满脑子想的都是生活中的抑郁事件、抑郁情绪，有时甚至会陷入绝望。如果你发现自己的思维处于抑郁事件的漩涡中，你可以马上做一些事情分散自己的注意力。否则，这些抑郁思维将不停地在你脑中闪现，使你的情况变得更加糟糕。

有时，当人们感到紧张、抑郁的时候，会变得易激惹。这种情况下尝试放松的效果并不理想，因为大脑无法安静下来。因此，你需要从事一些体力活动，以分散你对抑郁的注意，比如整理花草、跑步、跳健美操、搞家居装饰等。任何包含身体运动的活动都会有益于分散你对抑郁的注意，如果你因愤怒或挫折陷入紧张状态，体力活动将是帮助你的最好方法。

抑郁的时候，我们常会感到自己不得不做一些厌倦的事情。现在，尽管厌倦的事情没有减少，但我们可以计划做一些积极的活动，即那些能给你带来哪怕一丝丝快乐的活动。例如，如果你愿意，你可以坐在花园里看书、外出访友或散步。有时，抑郁的人不善于在生活中安排这些活动，他们把全部的时间都用在痛苦的挣扎中，比如一想到衣服还没洗就跑出去便感到内疚。其实，我们需要积极的活动，否则，我们就会像不断支取银行的存款却从不储蓄一样。积极的活动相当于你在银行里存款，哪怕你所从事的活动只能给你带来一丝的快乐，你都可以告诉自己：我的存款又增加了。

一位来访者曾一度形成这样的生活模式：工作、回家、看电视、睡觉。他放弃了与朋友聚会以及从事其他活动的机会。经过一段时间的主动参与，他逐渐开始考虑他喜欢哪些活动，并尝试着从事这些活动。后来，他加入了足球俱乐部，成为团体的成员。另外，他还加入一个慈善团体，帮助筹集资金。

困在家里整天带孩子的妇女，很容易产生厌倦情绪。主要的解决办法是，让她们意识到自己的厌倦，并尝试从固有的生活模式中走出来，形成新的生活方式。她们可以参加母婴小组，也可以与朋友一起从事其他的活动。

2. 在有活动的同时创建"个人空间"

有时，我们常忙于满足他人的需要(如家庭的需要)，以至于没有给自己留下足够的空间。我们忙得疲惫不堪，想逃离这一切，但许多人会为自己需要独立的空间而感到内疚。其实，如果你感到自己需要有单独的空间，不妨与你的亲人朋友谈一谈，做一番解释，需要个人空间并不意味着你有问题，或是你与他们的关系出了问题，需要自己的空间不等于说要离弃他们，相反，这对你是一个积极的选择，使你能够更好地面对自己。如果你懂得在人际关系中为自己留有一份空间，你将会减少自己潜在的不满及想逃避的欲望。

二、解决睡眠障碍

睡眠状况因人而异，而且随着年龄的增长，入睡的难易程度以及对睡眠量的需求都会发生变化。因此，我们的睡眠模式是完全个人化的。你不必为没有足够的睡眠而担忧，撒切尔夫人每天只睡 4 个小时。睡眠障碍的表现各色各样：有的人入睡困难，有的人睡一两个小时就醒过来，有的人早醒，还有的人睡眠很轻。

你可以把睡眠看做是需要调整的一种行为方式。如：睡前喝一杯牛奶或许会有助于睡眠。你可以给自己一张舒适的床、通风良好的房间，培养有计划睡眠的习惯。有计划的睡眠要求你在入睡前半小时至一小时内，尽量放松。如有可能，看一本书，将自己从紧张状态中解放出来(但不要投入更多的精力)，你也可以在白天做些轻微的活动。

你要尽量避免喝酒。喝一两杯酒看似能帮助你睡眠，其实并非如此。酒精会影响你的睡眠模式：你会很早醒来，并产生退缩情绪(如果你喝得多，退缩情绪会更强烈)。另外，白天尽量别睡觉。如果白天的睡眠过长，晚上就可能会睡不着。如果你醒得早，就索性起床，不要赖在床上思考你所遇到的麻烦。你可以告诉自己："坦白地说，我睡眠很差，如果早醒，我可以马上起床工作。""当然，有时我会感到疲倦，但我可以把这看作是我的生活风格。"如果你有严重的睡眠障碍，抗抑郁药物会有一定的帮助。市场上有许多帮助你调整睡眠的书籍，或许会对你有些好处。

身体状况是非常值得重视的。你的身体有如一座花园，如果希望它能正常运转，你就要对它进行细心的照料。它会混乱，需要你好好保养。你可以学着去尊重和关心你的身体：学习放松，进行适当的锻炼，注意营养。

三、可以选择在抑郁时快乐地跳舞

心理失衡的现象在生活中时有发生。抑郁情绪是心理积累的能量在自然宣泄，其行为具有破坏性。这需要心理补偿。人好似一架天平，左边是心理补偿功能，右边是抑郁情绪和心理压力。你能在多大程度上加重补偿功能的砝码而达到心理平衡，你就能在多大程度上用时间和精力去从事那些有待你完成的任务，并有充分的乐趣去享受人生。

习得性乐观并不是教你自私自大，让别人不能忍受，它教你在遇到失败挫折时如何与自己对话。你所拥有的其实是更多的自由、更多的选择。你可以在人为乐观对你更有益、使你获得更高成就或更健康时去用它，你也可以在你需要有清晰的判断时不去用它。悲观主义在社会和我们个人生活中也有重要的作用。当情境需要悲观时，我们可以有勇气去接受它。你可以学习如何在受到打击时，从更具鼓励性的角度来考虑挫折或困境。给予自己一个有弹性的乐观以增强对不利环境的控制力，提供一个不同的选择。

陷入使你崩溃的事情的痛苦远远大于面对它并飞越它所承受的痛苦。反刍类动物生命中很大一部分时间都是站在那里，反复不断地咀嚼着它们的食物，直到完全消化。我们很多时候类似于反刍动物，去反刍我们陷入的痛苦，其实我们可以学习老鹰。老鹰能够预知风暴的来临。它会让自己飞得很高，然后等待风暴来临。当风暴来临时，它会驾驭自己的翅膀，让风把它举高，使它高于风暴的位置。这样，即使狂风在身体下呼啸，它却依然能够安然滑翔。它没有躲避风暴，而是利用狂风把自己抬得更高。你要知道，最重要的不是决心，而是拿出行动来，改善不可改变的。有些事情，我们可以通过努力改变，但还有一些事儿，我们不能改变，但可以想办法改善。所以，我们可以选择在抑郁中快乐地跳舞。

第三节　创造属于自己的改善方式

心理学家对生活中产生明显改变的两组人群进行比较，第一组人出现的是“环境改变”，也就是说他们的生活环境出现重大的变化，例如换新房子，买新车，等等；第二组人生活中出现的则是“行为改变”，指他们改变了日常生活行为状态，努力追求新的目标，例如加入新社团，培养新的爱好，或投入自己觉得有意义的事业。

实验结果显示：两组人的快乐感受，都因生活中产生的这些改变而大幅度增加，但经历环境改变的人，不久就恢复到原先的快乐水平；而出现行为改变的人，快乐明显持续较久。

成功来源于行动。让我们先从一点点小事做起，让每一次的改变都看得见，自己创造一些小小的快乐和满足。

当然具体做什么样的行动是需要尝试的，有时甚至会出错。不同的人，尝试的结果也不尽相同，但有些事情对几乎所有人都是有效的。

- 庆祝你的错误。

几乎所有的错误都教会我们宝贵的经验教训，而这是成功难以带来的。由错误引起的尴尬、屈辱和自我厌恶的反省都将成为我们自我提升和自我完善的工具。在漏洞和损失中，我们可以拾起各种小小的平凡的进步。

- 把你走路的速度加快 25%。

观察人们走路实在是一种乐趣，你若仔细观察就会发现，身体的动作是心灵活动的结果。许多心理学家将懒散的姿势、缓慢的步伐跟对自己、对工作以及对别人的不愉快的感受联系在一起。心理学家也告诉我们，借着改变姿势与速度，可以改变心理状态。那些遭受打击、被排斥的人和完全没有自信心的人走路都拖拖拉拉，做出“我并不怎么以自己为荣”的表白。另一些人则表现出超凡的信心，走起路来比一般人快，像跑。他们的步伐告诉整个世界：“我要到一个重要的地方，去做很重要的事情，更重要的是，我会在15分钟内成功。”

使用这种“走快25%”的技术，抬头挺胸走快一点，你就会感到自信心在增长。

- 洗个澡。

当你感觉良好的时候通常都会好好地照顾自己。但当你连起床都很吃力时，情况就并非如此了。因此，睁开眼睛后第一个动作，走进浴室，打开水龙头，洗澡！这是“即使在感觉不好的时候也能好好照顾自己一点点”的方法。在好好照顾自己一点点几天之后，你就真的能好好照顾自己了，由行为来说明，你的感觉也就能回到良好的状态了，因为你创造了事实，说明你确实能照顾好自己，跟感觉良好的时候一样。

- 走出屋子日晒雨淋。

你知道吗？大白天的日光的光线强度比一般室内的灯光亮100倍以上，而我们却几乎没有意识到。这是因为我们眼睛和大脑的设计构造可以自动调节以适应照明环境的变化，但确实不可否认的是现代人的近视眼患病率大大提高。问题就在这儿，我们的眼睛被设计得是适合于大自然的光线的，虽然可以自动调节以适应室内的光线，但长此以往还是会被损害的。即使是阴雨天，室外光线也比把室内所有灯光都打开亮3倍以上。

我们的眼睛有特殊的光感神经末梢，直接连接大脑的中央区域，这一区域仅仅对户外光线亮度有反应，因为室内的照明条件不充分，而我们现代人大部分的时间都呆在室内，眼睛的感光神经末梢不会得到刺激，就会对大脑的化学物质和生物钟造成很大的影响，从而造成抑郁。

生物钟功能正常发挥作用的前提是每天获得足够的光照。人体的生物钟尤其适应每天的日出时间。为了判断日出的发生，它需要依赖一种自然呈现出的照明模式，即从非常黑暗的情况(晚上)到微亮(日出时)再到非常明亮(大约日出后的半小时)的过程。即便是现代居住条件下的室内，日出模式的前两步还是会起作用，从晚上黑暗的时刻开始，到室内出现微亮，这时我们会醒来打开灯。然而大脑还需要经历该模式下的第三步——日出后迅速增强光感的这一步。当我们缺失了这一步时，体内的生物钟就无法准确地进行调整。

而当我们无法获得足够的光照时，体内生物钟的功能就会紊乱，非常多的细胞顷刻间会运动失调，导致激素水平紊乱，睡眠变得没有规律。对于某些人来说，就能够引起抑郁。

明亮的光线能够刺激大脑生产血清素，我们要确保有足够多的血清素正常工作，血清素是对我们的情绪和行为都能产生广泛影响的神经传递素。血清素循环系统能让大脑的压力反应系统获得缓和，从而不会导致抑郁。因此，明亮的光线通过增加大脑中血清素的产生活动能够起到抗抑郁的作用。亮光治疗往往不到一周就能见效。

最近的研究显示，在明亮的光线下呆 1~2 个小时通常会让我们感到情绪上有所提升。而当情绪提升后，我们就会更愿意进行社交活动，并对社交活动更感兴趣。

我们究竟需要在明亮的光照下呆多久呢？对于大多数人而言，每天早上花 15~30 分钟足够让我们体内的生物钟合理运转。当然这是在大晴天的环境下，这时的光线强度至少有 10000 勒克斯，而在阴雨天光线强度则小得多，大概只有 1000 勒克斯左右。所以，在阴雨天我们需要在室外呆上更长的时间才能达到相同的效果。

呆在室外还有其他的好处。仅仅是置身于大自然中，便能降低压力激素水平和减少焦虑感，而且更容易进行户外锻炼和社交活动。如果实在不得已，只能呆在屋里，我们还可以尽可能让室内的灯光更明亮一些，这时不要省电。

- 贿赂你自己。

你想让自己做什么事情吗？那就沿路贿赂你自己。在你完成1/4、1/2、3/4 的程度时奖赏自己。

贿赂自己的方式是学会娱乐，娱乐就意味着偷懒。学会娱乐或休假就和家庭作业、学会如何掌握一门新技术或者如何度过在办公室里的时间一样，对我们的身体和大脑非常重要。事实上，最近的研究表明，通过增加一周 4~6 小时的“积极娱乐”，一个人的抗压力能力就会越来越高。这里是“积极娱乐”，包括吃自己想吃的东西、游泳、散步等。

进行具有互动性的运动是娱乐能积极起来的极为有效的方式。如果参与包含身体运动的活动，如网球、高尔夫球、排球、篮球、保龄球、乒乓球、羽毛球等，则更有效。因为这些协调你身体活动的运动需要你每时每刻都集中注意力，而且这些富有活力的运动往往都能增强社会联系。

纸牌游戏和棋类游戏也能达到类似的目的，也能使我们与人接触或交流，但记住，尽可能和真人而不是在网络上玩这类游戏。

在开车、休息、做家务时听音乐能防止你陷入不客观的思维，但记住选择轻快的音乐。听有声读物也能有效降低抑郁，因为抑郁可以暂时剥夺我们的注意力，造成阅读困难。

还有很多其他的娱乐活动方式，如养花种草、养宠物、玩乐器、烹饪、购物、听广播、卡拉 OK、做针线活、旅行等。只要开动脑筋想，我们肯定可以在自己的活动方案上增添更多的活动内容，一旦发现自己陷入抑郁，就可以按照活动方案去做了。

【小贴士】

研究表明，与宠物共处，可使人心率减慢，缓解压力和情绪。

剑桥大学的专家曾于 20 世纪 90 年代初发现，许多中年妇女以及一些老人在与宠物相处仅仅几个月后，一些顽固性病症，如头痛、背痛等症状都减轻了。临床医生发现，在宠物的陪伴下，一些比较迟滞、抑郁的患者还能与来访者开口交谈。

澳大利亚医学家艾弗曾在1992年做过这样一个有趣的实验：他邀请近百名体弱病残的老人住进疗养院，疗养院里并不提供任何设施，也不提供药物，只给老人们带去一条瞎眼的小狗，这只小狗和老人们朝夕相伴。令人惊奇的是，仅仅半年时间，当初行动不便甚至连讲话都有困难的老人们，精神面貌竟然大为改观，对未来充满着信心。老人们一致认为，正是由于这只宠物的介入，才使得他们精神矍铄，心情舒畅。

- 笑起来，哭出来。

【笑话】

清朝一名八府巡按患了抑郁症，久治无效。后经人介绍到扬州府兴化县名医赵海仙处就诊。赵大夫切脉后沉默不语，巡按大人再三追问，赵大夫慢吞吞地回答："依老朽之见，大人之疾，乃月经不调也。"巡按听罢，不禁哈哈大笑，连说"庸医，庸医"，然后拂袖而去。后来，这位巡按大人逢人谈及此事都要大笑一番，在一次次开怀大笑中，他的病竟不药而愈了。待他醒悟过来拜谢赵大夫时，赵大夫才向他说明了"不药宽神"的道理。

笑话的宗旨是抱着积极的态度，试图在一个严肃的话题中寻找趣味。笑可以减轻压力、减少痛苦、增强免疫力，并帮助我们抵抗病毒。而且笑还有助于培养乐观精神，对生活保持阳光般的乐观精神会创造我们的情绪奇迹，保护我们免受抑郁、害怕和恐慌的侵害。

生理学家通过研究发现，笑可以使大脑分泌出一种活性物质脑啡肽，该物质能使人产生愉悦感，调节神经功能，促进血液循环，加快全身代谢。笑还能激活处于抑制状态的脑细胞，扩张血管，有效地改善大脑的供血供氧能力，增强脑细胞的活力。因此，抑郁者可以多看幽默小说或滑稽戏，或每天进行一次“笑疗”。

而流眼泪则可以说是情感的排汗。首先，眼泪可以排出毒素。满含情感(尤其是压抑或悲伤)的眼泪比受到刺激而流出的眼泪含有更多毒素，这说明哭泣是人类清理心灵和头脑的一种自然方式。其次，眼泪可以振奋情绪。哭泣可以降低人体内的锰含量，而过多的猛会导致焦虑、紧张、易怒、疲劳、攻击，以及其他抑郁元素。最后，哭泣是一剂泻药。当情感发泄出去以后，你的心血管和神经系统就会运转得更为顺利。

- 穿亮色的服装。

不同的颜色可通过视觉影响人的内分泌系统，从而导致人体荷尔蒙的增多或减少，使人的情绪发生变化。研究表明，红色可使人的心理活动活跃，黄色可使人振奋，绿色可缓解人的心理紧张，紫色使人感到压抑，灰色使人消沉，白色使人明快，咖啡色可减轻人的寂寞感，淡蓝色可给人以凉爽的感觉。

英国伦敦有一座桥，原来是黑色的，每年都有人到这里投河自杀，后来，将桥的颜色改为黄色，来此自杀的人数减少了一半，这充分证实了颜色的功能。

- 有氧运动。

【来访者自述】

“请了个羽毛球教练教我打球，一周三次，状态还不错，每天都有进步，很高兴。”

【来访者自述】

(男，双相抑郁症患者，正在服用锂盐和抗抑郁药。)“我一般都是早晨起来感到情绪特别低落，近段时间一直在寻找能够改善的方式，试过跑步，一个人很没意思，但我又不喜欢热闹，跳舞肯定不行。偶然发现家附近有个恒温游泳馆，而且早上游泳的人不多，游完了还可以回家洗个澡，试了几天，发现效果还不错，至少能让我上班的情绪好一些，神清气爽一些，不知道是游泳还是洗澡的作用，反正这段时间有改善。”

你是否曾经有种被压得透不过气的感觉，但漫步一圈后就顿时觉得清爽许多？因为运动燃烧了那些制造压力的化学元素、肾上腺素和皮质醇。

我们在这里把有氧运动单列为行为改善的具体操作是有理由的。20世纪90年代初，美国杜克大学的吉姆·布鲁门萨尔(Jim Blumenthal)教授开始研究锻炼对于抑郁症的治疗作用。他从第一手临床实践中了解到锻炼具有强大的抗抑郁效果，并且这种锻炼只需要每周进行三次轻快的步行、每次半小时的强度。这种剂量极低的锻炼药方被证明和抗抑郁药物一样有效。

有氧运动能够改变人的大脑机能。它能增加重要的大脑化学物质的活性等级，例如多巴胺和血清素-5——羟色胺(影响神经系统的同类化学物质，左洛复、百忧解以及普仑这些常用药品的靶点)。锻炼同样还会增强大脑产生一种关键性的生长激素BDNF(大脑衍化神经营养因子)的能力，由于抑郁导致这种激素的分泌水平直线下降，久而久之，大脑的某些部分开始萎缩，学习和记忆功能也会受到损害，但有氧运动可以扭转这一趋势。

有氧运动也能让你在精神上放松。运动量以出汗为标准，出汗则达标，而不一定非得像训练马拉松一样才能达到抗抑郁的效果，即使是除草、浇花这样的活动也能提升你的精神。跆拳道尤其有效，因为你可以想象让你痛苦的家伙在你面前，瞄准踢过去。还有研究表明经常练习瑜伽可以提升一个人的神经传递素Y-氨基丁酸(GABA)的水平，从而使你笑得更多、抱怨更少。

要达到抗抑郁的效果，运动锻炼需要是有氧锻炼。有氧运动能够让你在数分钟内保持较高的心率。从专业的角度看，只要某项运动将你的脉搏控制在最大心率的60%～90%之间，这项运动就是有氧运动。最大心率的计算方法是用220减去你的年龄。

常见的有氧活动包括慢跑、轻快的行走、游泳、自行车运动、团队运动、徒步旅行、跳舞、爬楼梯等。下面推荐一些可能开展的有氧运动。户外活动有轻快行走、慢跑、游泳、自行车、越野滑雪、冰刀滑冰、徒步旅行、攀岩、繁重的庭院劳动等；竞技体育有篮球、足球、网球、短柄墙球、手球、橄榄球、排球、壁球、羽毛球等；在健身房可以开展的有跑步机、有氧锻炼课程、系统器械、跳绳、舞蹈课、划桨器械、有氧健身操、瑜伽、动感单车等。

据研究显示，每周仅需90分钟的有氧运动就能起到抗抑郁的效果。当然你可以将你每周的90分钟的锻炼时间分为三个或更短的锻炼时段，因为更容易操作，可以从最开始的10～15分钟，之后隔几天将锻炼时段增加5分钟，直到每次锻炼时间超过30分钟。脉搏的目标也可以从最开始每分钟90次，逐步增加到120次以上。

当然，坚持锻炼也不是一件容易的事情，让锻炼充满乐趣会让坚持变得容易一些。所以，只要有可能，和别人一同锻炼，尤其是和你觉得有趣的人一起，因为与同伴一起锻炼能够让你的注意力高度集中，会让你觉得锻炼的时间过得更快；同时也会让你得到团体的帮助，从而让你的情绪得到改善。研究结果显示，与同伴锻炼比独自锻炼在预防和改善抑郁方面更有效。

接受私人教练的辅导也是极佳的让锻炼变得容易的一种方法。私人教练不仅可以作为陪伴，而且还可以提供专业的辅导和指点，让锻炼的效果更佳。

如果实在找不到人陪伴，同样也可以让锻炼变得充满乐趣。比方说，可以随身携带音乐播放器，准备一些快节奏的乐曲、自己感兴趣的有声读物，或是在大自然中徒步旅行等。

具有目的性的锻炼也能提升锻炼的乐趣。我们下意识里，会由于某种特殊原因愿意走或走得更远——欣赏风景、拜访朋友、遛狗，所以我们需要有意识地去选择目的，这个目的可以是目的地，如某个人的家、咖啡厅、景点、餐厅等任何你想去并且舒适安全的地方；也可以是目标，如竞技性的运动，“我想学会……”，“我想达到……的水平”；当然，也可以是劳动，除草，翻土、搬东西、园艺等。

所以，我们腾出一个时段，让自己有足够的时间换上舒适的衣服鞋子；形成习惯，每周都设定相同的时段去锻炼，习惯需要一定的时间养成，但养成的习惯很难被打破。

- 自我放松。

任何精神上或情绪上的慢性压力，如婚姻失败、家庭不和、财政困难或者工作问题等，都会损伤我们的大脑，慢性压力让我们的身体产生过多的皮质醇，而自我放松能把我们解救出来。此外，经常冥思默想的确能增大大脑的体积，增加大脑皮层的厚度，改善情绪，提高认知力。我们需要的是积极放松的工具，如冥想、瑜伽、深呼吸、催眠、笑疗、做爱、锻炼以及睡眠等，这些都能起到降低压力荷尔蒙、燃烧有害皮质醇的作用。

学习放松，说比做要容易。你可以选择一种适合你的方式，在此，我简要介绍一下自我放松的要点。

首先，你要学会控制自已的呼吸。

舒服地坐在椅子上，或躺在床上，将注意力集中在你的呼气和吸气上，要注意节奏。慢慢将气吸入肺里(感觉空气下到了横膈部位)，让空气在肺里保存几秒钟，然后慢慢呼出。有节奏地呼入呼出，慢慢数数，吸气(一、二、三、四)保持(一、二)，呼气(一、二、三、四)。如果你找到了令你舒适的节奏，集中注意力于“吸气”与“呼气”，以同一节奏默念“吸——呼，吸——呼，吸——呼”，做缓慢的、有节奏的深呼吸，尽量保持轻松、舒适。一旦你感到愉悦，就要告诉自已，你正在努力将身体节律减慢，以期逐步达到放松状态。每次呼气，你要在脑海中默念“放松”——或者如果你愿意，你可以默念“安静”。想象每次呼气，你的身体便开始放松。你呼出了紧张，开始变得温暖、轻松。

其次，肌肉放松。

一旦你感到这种呼吸方式很舒适，你就要将注意力更多地集中在自己的身体上。这样做的方法很多，你可以先将注意力集中于一个部位，吸气的时候，慢慢紧张该部位，随着呼气，慢慢地放松该部位，逐渐放松。从脚部开始，吸气的时候，紧张脚部肌肉，并感受这种紧张，然后呼气，放松该部位，体验放松后的感觉。再重复一遍。现在，将注意力集中到小腿部位，重复上述动作。吸气时，紧张小腿肌肉，并感受这种紧张，然后呼气，放松该部位，体验放松后的感受。再重复一遍。注意体会紧张与放松的差别，想象躯体正变得温暖而沉重。使用同样的方法，每次将注意力集中于一组肌肉。从小腿肌开始到大腿、背部、腹部、胸部，脖子、双肩、胳膊以及手、脸等处。做脸部放松时，你先把脸皱起来，然后放松。当你完成全身所有肌肉群的紧张与放松后，将注意力集中于整个身体，随着呼吸感觉自己的身体正变得越来越重、越来越放松。

重复上述动作，直到你熟悉该技术，并真的感到放松为止。一个动作系列应持续 10 分钟左右(或更长)。你可以在白天或夜晚的任何时候做，你会发现睡觉前做效果更佳。你也可以在坐着看电视、坐车或开会的时候重复上述动作。用你的意念增加对自己身体的控制感，学会放松。不要认为只有独处或静坐的时候才能做放松训练。

你可以在走路的时候使用放松技术。站直，但不要僵直。走路的时候，将意念集中在呼吸上。慢慢地深呼吸，但不要过度。呼气的时候，集中意念于“放松”上。注意你身体的感受，哪个部位感到紧张，就放松哪个部位，让你的身体变得沉重、放松。你的肩部感觉如何，紧张吗？如果紧张，让双肩下垂，体验沉重感。你的其他部位感觉如何——比如脖子或前额？

有意识地放松身体。学习照看你的身体，了解紧张时的感受。此方法必会有效。放松的另一重要功效是，它能将你的注意力从抑郁思维中转移开去，你越是集中于放松，你的大脑就越不可能思考那些让人沮丧的事，这有助于我们改善抑郁。

还有一些其他的放松技术。

有些人发现，可以通过创造性的想象达到更深层次的放松。例如，你边听自己的呼吸声，边想象海潮涌动，这会提高你放松的程度。体会海的气息，想象海浪正随着你呼吸的韵律，轻柔地拍打着海岸。每一次呼气，海浪都会将你的紧张携卷而去。有些人愿意想象凉爽的花园、树林或水边，或者观看热气球慢慢升上蔚蓝的天空。这些意象都是个人化的。你要努力将放松与这些意象联系起来，在大脑中构念出一片宁静的天地。每当放松的时候，你便回到这片天地中。

掌握了放松的基本技术后，你可以尝试不同的放松方法，找到适合你的那种。有些人发现，听音乐放松十分有效，另外，冥想也有助于放松。你既可以单独训练，也可以参加训练小组。训练小组不仅会教你一些放松技术，还可以给你提供与他人接触、共同从事活动的机会。

- 练习感谢。

抑郁的人不容易有感谢的心情，能够意识到需要感谢他人的人不容易抑郁，所以训练自己多说谢谢，比自然的频率说得更频繁，因为感谢在各方面都对身体健康有益。根据加州大学河滨分校的心理学家桑加·柳波默斯基的观点，写感谢日志(每周记录一次所有值得感谢的事情)以及做其他的感谢练习会提升你的精力，并减轻你的痛苦和疲劳。学会感谢生活给予你的恩赐，这样你才会有一个积极的人生观。每天都对身边的人道声谢，不仅会使自己有积极的想法，还会让别人感到快乐，而这些都是我们拥有的快乐的能力。当别人需要帮助时，伸出援助之手；当别人帮助自己时，以真诚的心微笑着表达感谢。感谢当你悲伤时有人抽出时间来安慰你等等，这些小小的细节都源于一颗感谢的心。有时一个真诚的微笑、一句简单的问候、一次举手之劳都会给人带来温暖，给人带来希望。我们在感谢别人的同时，也要学会感谢自己，感谢自己给别人带来了快乐，给自己带来了幸福。英国作家萨克雷说：“生活就是一面镜子，你笑，它也笑；你哭，它也哭。”

- 吃掉抑郁。

哈佛医学院的研究确认 omega-3 脂肪酸可以帮助你忍受刻薄的人，克制自己不在马路上发火，并礼貌地告诉推销员他们可不是你家里的决定者。

大脑主要由脂肪构成，人的大脑干中约有 60% 为脂肪。我们的身体可以制造出许多大脑需要的脂肪分子。但是某些形式的脂肪分子是不能够制造的，这些脂肪可以从饮食中获得。在膳食脂肪中最为重要的是一组称为 omega-3 脂肪酸的物质，它是大脑结构和功能的关键构造单元。omega-3 脂肪酸主要蕴含在鱼类、野味、坚果、种子和野生蔬菜食品中。所以，尽量多吃鲑鱼、金枪鱼、沙丁鱼、小银鱼、胡桃、深海鱼油或者亚麻籽，以摄取 omega-3 脂肪酸。omega-3 脂肪一般包含在植物的叶子、草类，以及藻类当中。而野生动物以草类和植物的叶子为食，许多野生鱼类以藻类为食，因此这些放养的动物或鱼类体内也含有大量的 omega-3 脂肪。

黑巧克力富含白藜芦醇（Resveratrol），这是一种抗氧化物，能够提升你的内啡肽（天然镇定剂）和复合胺水平。

菠菜富含可以帮助大脑产生复合胺的维生素 B，复合胺是一种真正能在神经细胞中传递“我很快乐”信息的神经传导物质。

奶制品和添加维生素的非乳制品富含维生素 D，维生素 D 可以促进复合胺的产生，根据《美国医学期刊》刊登的一篇研究论文，它有助于减轻抑郁。

豆类对心脏很有好处，你吃的豆类食品越多，你摄取的铁就越多，而铁可以帮助你对抗沮丧和暴躁。

远离油炸食品以及大多数快餐食品。

- 抓住生活中的小确幸（微小的确实的幸福）

《环球邮报》精选了30件最开心的事，它们都是些生活琐事，也许你平时不曾注意，可一经提醒就会觉得，世界瞬间变得如此美好。

1. 摸摸口袋，竟然发现里面有钱。
2. 成功赶上将要出发的汽车或火车。
3. 别人为你按着电梯门的“开”键，等你进来。
4. 电话响了，你拿起听筒发现正是刚才在想的人。
5. 请别人为你挠背，他一下子挠到了最痒的部位。
6. 突然想起小时候最好朋友的电话号码。
7. 你打算买的东西降价了。
8. 干净利落地撕下有黏性的价格标签。
9. 衣服上弄了污渍，但轻松洗掉了。
10. 把手指上的刺挑出来了。
11. 倾听烤肉在烤架上发出“滋滋”的声音。
12. 一下子将废物扔进了垃圾箱，太准了！
13. 想着今天是星期三，其实是星期五。
14. 和朋友一起聊明星八卦。
15. 把最后一块图案放进拼图里。
16. 从洗衣机里取出的两只袜子刚好是一双。
17. 完美地磕开一个鸡蛋。
18. 收到一封信，地址是手写的。
19. 清空电脑的回收站。
20. 终于解开一个死结。
21. 换了张干净的新床单。
22. 坐飞机时，一大排座位就你一个人。
23. 炎热天气喝下一杯冰水。
24. 下雪后，第一个踩出脚印。
25. 吃妈妈做的炒鸡蛋。
26. 开了半天车，一路都是绿灯。

27. 需要拥抱的时候，得到一个温暖的拥抱。

28. 排队时，你所在的队伍最快了。

29. 广告时间换了频道，返回来的时候节目恰好开始。

30. 发现明年生日那天是星期六或星期天。

- 求助。

研究发现，从遇到麻烦到选择求助，抑郁者会经历三个心理阶段。

第一个阶段：感觉到问题的存在。这个阶段的主要特点是我们对问题开始有所察觉，意识到自己遇到了麻烦。我们可能发现似乎有什么地方不对劲，我好像病了似的身体不舒服等。此时，我们发现自己的情绪、行为出现了异常，但还没有意识到可能存在心理问题，更不知道去找咨询师求助。国内某精神卫生机构曾研究过 1297 名心理障碍患者，他们在接受心理治疗前，有 55. 4%的人求助过西医，12. 0%的人求助过中医，12. 2%的人反复求助，而促使他们就诊的原因往往是身体某个部位不舒服。

第二个阶段：考虑能不能自己解决问题。一旦察觉自己可能存在心理问题，人们就会考虑是否有资源和能力独立解决。研究结果显示，解决问题的方式有：独自哭泣、运动或者娱乐、找当事人、加倍工作。在这些应对方式的选择上，男女是有性别差异的，女性更多是通过谈话和哭泣等方式解决问题，而更多的男性选择运动或娱乐。

第三个阶段：求助一个最稳妥的人。只有发现自己已经忍无可忍，问题又很棘手，我们才会选择求助于别人。这些“别人”可以是家人、朋友、领导等，当然也可以是专业人员。在选择过程中，人们会考虑很多问题，如找什么人花钱和花精力最少又最方便，找谁帮助能最有效，找什么人会比较安全，不会受到指责或者泄露隐私，等等。

很多原因会阻碍我们去求助，如认为求助是无能的表现，担心求助的结果，不想承认自己存在心理问题，等等。每个人都希望自己是有能力解决问题的，这可以增加我们的成就感。我们会认为求助是一种弱者的表现，所以，出于自尊和面子，不到万不得已绝不依赖别人的帮助。事实是这种想法会使问题在最易解决的时候没有得到控制而变得越来越严重。

很多时候向别人讲述的内容里面会涉及一些个人隐私，我们感到很矛盾，不知道是否要告知外人，唯恐外人泄密而引发一系列的非议。

心理疾病长期蒙受污名，去做心理咨询的人会遭到歧视。现阶段，这仍是阻碍很多人求助于心理咨询的重要原因。

有调查结果显示，有60%的人选择向亲朋好友求助，只有7%的人会选择向心理咨询机构求助。一般人做事情会遵循“最少代价”的原则，不会额外花金钱和精力去接受专业咨询，寻求专业帮助往往是迫不得已的选择。其实心理咨询对生活中遇到的诸多问题都有确切的效果。经验表明，接受心理咨询的人很多是由于情绪问题、人际关系问题、婚恋问题、学习工作和社会适应问题前来的。这些内容可以说涵盖了生活的方方面面。

你可以并且需要挖掘自己的能量，但不必一味非要自己搞定不可，试着从家人朋友那里获得支持，或者到专业的心理咨询机构进行求助。他人的帮助是一个非常好的资源，能为你打开一扇天窗，发现另一种阐释问题的角度，找到一种新的思考问题的方式。

请回答以下问题：

- 你能意识到你的抑郁想法、抑郁情绪、抑郁行为吗？
- 你能有意识地丰富你的思想、管理你的情绪、选择你的行为吗？
- 你能实施行动吗？
- 你在重复操作以上过程吗？

如果你的回答都是“YES”，说明你在试图去找寻或已经找到自身改善的方式，那么恭喜了，在追求人生梦想的道路上，就算有抑郁一路同行，你也能照顾好自己。

参 考 文 献

[1]赵然．员工帮助计划．科学出版社，2010.

[2][美]马丁·塞里格曼．活出最乐观的自己．洪兰，译．北方联合出版传媒万卷出版公司，2010.

[3][美]德蕾丝·博洽德．读心术．冯杨，译．陕西人民出版社，2011.

[4][德]弗里兹·李曼．直面内心的恐惧．杨梦茹，译．山西人民出版社，2007.

[5][美]Irvin D. Yalom. 给心理治疗师的礼物．张怡玲，译．中国轻工业出版社，2004.

[6][美]斯蒂芬·伊拉迪．赶走你的抑郁．鄢科，译．中国人民大学出版社，2010.

[7][荷]罗伊·马丁纳．改变．重新开始-学会情绪平衡的方法．云南人民出版社，2007.

[8][美]David D. Burns. 抑郁情绪调节手册．——十天改善你的自尊．汤臻等，译．李鸣审，校．中国轻工业出版社，2006.

[9][澳]朗达·拜恩．秘密．谢明宪，译．中国城市出版社，2010.

[10]萨文．当心理学遇到博弈论．京华出版社，2011.

[11]杨丹．产后抑郁更需要理解和关爱．
[12][美]厄尼斯特·科兹．凯萨琳·凯逊．承认不完美、心灵才自由．王国平，译．吉林文史出版社，2010.
[13]闻心．“怨天”还是“尤人”——学会正确归因．
[14]魏镜．千万别轻视卒中后的抑郁．
[15]江佩英．你的成长，谁来“买单”．
[16]安娜·弗洛伊德．自我与防御机制．
[17][美]简·博克．莱诺拉·袁．拖延心理学．中国人民大学出版社，2009.
[18]王健．学习：家和学校哪里更有效率．
[19]魏赢．心理咨询师也会抑郁．
[20]海燕．怎样摆脱孤独．
[21]王兴．聪明的人睡眠少．
[22]闻道．走出抑郁．你能行！
[23]陈福新．及早发现儿童抑郁症．
[24]太阳．花钱的快乐有几分．
[25]陈雪梅．四招．让抑郁情绪破冰．
[26]张栋．消除心理疲劳要从多方面入手．
[27]李娟．拨开阴霾．又见夕阳红．
[28]曾子．我们都在故意寻找伤害？．
[29]文武．你愿意做那只老猴子吗？．
[30]季建林．你还有其他路可走．
[31]胡宓．谈谈自杀的预防．
[32]曹音．她与产后抑郁症．
[33]蔡焯基．警惕抑郁症的残留症状．
[34]章剑和．做好失败的心理准备．
[35]魏强．心理冲突让你更有能量．
[36]Paul Gilbert. 走出抑郁．

[37]陈冬华．这条小鱼在乎——说说生命教育．
[38]侯伟编．哈佛心理课．延边大学出版社，2011.
[39]拜伦凯蒂．没有你的故事．你是谁?．吉林出版集团．屠永江，译．北方妇女儿童出版社，2010.
[40]王新波．单红雪．从“心”生活——学会真正的生活心理学．朝华出版社，2011.
[41]陆小娅．自我结与解．华东师范大学出版社，2007.
[42][美]理查德·格里格．菲利普·津巴多著．心理学与生活．王磊等，译．商务印书馆，2008.
[43][美]查尔斯·科比等．死亡课．格励，译．中国人民大学出版社，2011.
[44][美]马克·海曼.6 周吃出好心情．杜文，译．华文出版社，2010.
[45][美]路易斯·海．生命的重建．万之逸，译．南海出版社，2011.
[46][美]罗杰·R·皮尔曼．我没疯我只是与你不同．徐志晶，译．辽宁教育出版社，2012
[47]香港，素黑．好好爱自己．天津教育出版社，2010.
[48][美]马丁·塞利格曼．真实的幸福．洪兰，译．北方联合出版传媒万卷出版公司，2010.